复合散体边坡稳定及环境重建

李示波　李占金　张艳博　著

北　京

冶　金　工　业　出　版　社

2014

内 容 简 介

松散体边坡介质多样化主要表现在堆积体边坡中的堆积物往往是由多种材料构成的复合介质，且随着排放量的不断增加，堆积体处于动态变化中。本书结合具体的工程实例，围绕着不同介质的冶炼废渣场边坡稳定性、排土（岩）场开挖边坡稳定性、治理措施、环境恢复等展开详细论述。全书包括两大部分内容，第一部分概述了边坡的基本知识、边坡灾害类型及稳定性分析方法；第二部分以冶炼废渣场边坡和排土（岩）场边坡为研究对象，针对散体介质边坡的稳定性及植被恢复技术进行论述。

本书内容新颖，与实际工程紧密结合，提出了一些复合多介质边坡问题研究的新思路、新方法以及工程技术新对策，并结合当前矿山生态恢复与重建发展方向进行阐述。

本书可供从事采矿、岩土、水电、交通、铁路和环境等学科研究的人员阅读，也可供大专院校有关师生参考。

图书在版编目（CIP）数据

复合散体边坡稳定及环境重建/李示波，李占金，张艳博著. —北京：冶金工业出版社，2013.8（2014.5 重印）

ISBN 978-7-5024-6344-1

Ⅰ.①复… Ⅱ.①李… ②李… ③张… Ⅲ.①边坡稳定性—研究 Ⅳ.①TV698.2

中国版本图书馆 CIP 数据核字（2013）第 195935 号

出 版 人　谭学余
地　　址　北京北河沿大街嵩祝院北巷 39 号，邮编 100009
电　　话　(010)64027926　电子信箱　yjcbs@ cnmip. com. cn
责任编辑　李 雪 李 臻　美术编辑　彭子赫　版式设计　孙跃红
责任校对　卿文春　责任印制　牛晓波
ISBN 978-7-5024-6344-1
冶金工业出版社出版发行；各地新华书店经销；北京慧美印刷有限公司印刷
2013 年 8 月第 1 版，2014 年 5 月第 2 次印刷
169mm×239mm；10.75 印张；207 千字；162 页
38.00 元
冶金工业出版社投稿电话：(010)64027932　投稿信箱：tougao@ cnmip. com. cn
冶金工业出版社发行部　电话：(010)64044283　传真：(010)64027893
冶金书店　地址：北京东四西大街 46 号(100010)　电话：(010)65289081(兼传真)
（本书如有印装质量问题，本社发行部负责退换）

前　　言

　　边坡工程是环境岩土工程的一个组成部分。随着我国冶金业和矿业的迅速发展，边坡工程的研究也有了新的发展。一方面，工业发展中产生大量冶炼废渣及其他散体废物，形成堆积散体边坡。另一方面，露天矿开采规模不断扩大，开采深度逐渐增加，排土场规模不断扩大，介质大小、强度、成分表现出多样化、复合化的特点，且受地下水及地表覆盖物等介质的影响。这些堆积体边坡往往是由多种散体材料构成的复合介质，对这些多介质构成的废渣场边坡稳定性的研究是今后经常遇到的问题。这些边坡工程的共同特点是：工程规模大、影响因素复杂、施工过程动态变化、长期边坡和临时边坡共存、整体稳定和局部稳定在时间和空间域相互影响、边坡结构和材料参数有较大随机性。

　　对于这样复杂多变，涉及岩体力学、工程地质学和计算力学等多学科交叉的边坡工程系统，采用传统单一的研究方法与手段往往难以奏效，需要采用多学科交叉融合、综合集成的方法，对系统整体结构与功能进行动态、全过程的研究，强调定性与定量结合、经验与理论结合，以实现系统整体最优的效果。本书围绕着冶炼废渣场边坡、排土（岩）场边坡以及边坡生态重建工程展开论述，并结合了具体的边坡工程实例，对具体的工程分别进行具体分析，并提出相应的对策措施。全书各章自成体系，内容不求全面、系统，力求在学术上具有引导性、启迪性。

　　本书由河北联合大学李示波、李占金、张艳博三位老师结合其科研成果撰写完成。第 1 章、第 5 章由李占金撰写；第 2 章由张艳博撰写；第 3 章、第 4 章由李示波撰写。

　　本书部分研究内容得到了作者的博士生导师北京科技大学高永涛

教授、吴顺川教授、石博强教授、金爱兵教授的指导和帮助，在此深表感谢。另外，河北联合大学李富平教授、三友集团石灰石矿刘铁亮矿长和王连海总工对本书的撰写也给予了大力帮助，在此一并表示感谢。

在本书有关资料的整理、绘图、录入、排版过程中得到了河北联合大学矿业学院的研究生李力、张洋、李群三位同学的帮助，作者在此感谢他们的辛勤劳动。本书撰写过程中，参阅了大量国内外参考文献，作者在此谨向文献作者表示衷心的谢意。

由于作者水平有限，书中难免有不妥之处，诚恳地欢迎读者指正，共同交流。

作 者
2013 年 7 月

目　录

1 边坡工程概述

边坡是自然或人工形成的斜坡，是人类工程活动中最基本的地质环境之一。为满足工程需要而对自然边坡进行改造，称为边坡工程，是工程建设中最常见的工程形式。

1.1 边坡类型与特征

1.1.1 边坡的类型

边坡类型按不同的分类指标有多种分类。

（1）按构成边坡的物质种类分：

1）土质边坡——整个边坡均由土体构成，按土体种类又可分为黏土边坡、黄土边坡、膨胀土边坡、堆积土边坡、填土边坡等。

2）岩质边坡——整个边坡均由岩体构成，按岩体的强度又可分为硬岩边坡、软岩边坡和风化岩边坡等；按岩体结构分为整体状边坡、块状边坡、层状边坡、碎裂状边坡、散体状边坡。

3）岩土混合——边坡下部为岩层，上部为土层，即所谓的二元结构的边坡。

（2）按边坡高度分：

1）一般边坡——岩质边坡总高度在 30m 以下，土质边坡总高度在 15～20m 以下。

2）高边坡——岩质边坡总高度大于 30m，土质边坡总高度大于 15～20m。

（3）按边坡的工程类别分：

1）路堑边坡、路堤边坡。

2）水坝边坡、渠道边坡、坝肩边坡、库岸边坡。

3）露天矿边坡、弃渣场边坡。

4）建筑边坡、基坑边坡。

（4）按坡体结构特征分：

1）类均质土边坡——边坡由均质土体构成。

2）近水平层状边坡——由近水平层状岩土体构成的边坡。

3）顺倾层状边坡——由倾向临空面（开挖面）的顺倾岩土层构成的边坡。

4）反倾层状边坡——岩土层面倾向边坡山体内。

5）块状岩体边坡——由厚层块状岩体构成的边坡。

6）碎裂状岩体边坡——边坡由碎裂状岩体构成，或为断层破碎带，或为节理密集带。

7）散体状边坡——边坡由破碎块石、砂构成，如强风化层。

不同坡体结构的岩土形成的边坡的稳定性是不同的，尤其是含有软弱层和不利结构面的坡体，常常出现边坡失稳滑塌现象。

（5）按边坡使用年限分：

1）临时边坡——只在施工期间存在的边坡，如基坑边坡。

2）短期边坡——只存在 10～20 年的边坡，如露天矿边坡。

3）永久边坡——长期使用的边坡。

有些只分临时边坡和永久边坡，《建筑边坡工程技术规范》（GB 50330—2002）作如下规定：

1）临时边坡——工作年限不超过两年的边坡。

2）永久边坡——工作年限大于两年的边坡。

（6）按边坡形成过程分：

1）人工边坡——由施工开挖或填筑而形成的边坡，但因工程行为而引发山体大规模滑坡的称工程滑坡。

人工边坡又可分为：

① 挖方边坡——由山体开挖形成的边坡，如路堑边坡、露天矿边坡。

② 填筑边坡——填方经压实形成的边坡，如路堤边坡、渠堤边坡等。

2）自然边坡——在工程范围内，有可能影响工程安全的小规模自然斜坡。

1.1.2 边坡的特征

1.1.2.1 边坡的自然特征

人工边坡是将自然地质体的一部分改造成人工构筑物，因此其特征和稳定性很大程度上取决于自然斜坡的地形地貌特征、地质结构和构造特征。自然斜坡由于其地层岩性、地质构造、地下水分布和风化程度的不同，在自然应力作用下形成了不同的形态，如有直线坡、凸形坡、凹形坡、台阶状坡等，且其坡高和坡率也千差万别，坡面的冲沟发育和分布密度、植被状况等也不同，这是设计人工边坡的地质基础和设计的参照对象。

土质边坡由于土体强度较低，保持不了高陡的边坡，一般都在 20m 以下，只有黄土边坡因其特殊的结构特征，可保持较高陡的边坡。较高陡的边坡必须设置支挡工程才能保持其稳定，由于坡面容易被冲刷，常需要设置坡面防护工程。

对地下水发育的边坡，更应设置疏排水工程才能保持其稳定。

当不同土层的分界面倾向临空面且倾角较大，相对隔水时，容易沿此面发生滑塌。当边坡底部有软弱土层分布时也易发生沿软弱土层的滑动。

由于土层结构的复杂性，岩质边坡比土质边坡复杂得多。首先，由于坡体强度较高，常可保持较高陡的边坡，所以高边坡几乎都是岩质边坡。其次，岩质边坡的稳定性主要取决于其岩体结构、坡体结构，也即不同岩性的岩层及构造结构面，特别是软弱结构面在坡体上的分布位置、产状、组合及其与边坡走向、倾向和倾角之间的关系。当软弱结构面或其组合面（线）倾向临空面，倾角小于边坡角而大于面间摩擦角时容易失稳破坏。当上覆硬岩、下伏软岩强度较低或受水软化时也易发生失稳变形。第三，岩质边坡的稳定性还受控于其风化破碎程度，同种岩层的风化程度不同，所能保持的边坡高度和坡度也不同，典型者如坚硬的花岗岩可保持高陡的边坡，但其风化壳则不能保持高陡边坡。不同岩层的差异风化也会影响边坡稳定性。第四，地下水对边坡的稳定性有重要影响。地下水的分布、水量、水力坡度及其变化以及自然斜坡的汇水条件都对边坡稳定性有重要影响。

边坡设计时必须根据岩体的强度、构造面、风化程度、地下水情况等设计不同的坡形、坡率和相应的加固、防护和排水设施，才能保持边坡的稳定。

1.1.2.2 边坡的滑面特征与坡体特征

无论是土质边坡还是岩质边坡，在坡体没有开挖或填筑之前，坡体中不存在滑面，即使坡体中存在软弱土夹层或软弱结构面，也不能视作滑面，因为它们没有滑动的趋势，这正是边坡与滑坡的不同之处。由于不存在实际滑面，因而滑面必须通过分析的方法才能确定，不能采用钻探观察等方法确定。

在边坡开挖或填筑前，坡体上没有变形与滑坡趋势，因而坡体上不会出现变形与滑动迹象。但边坡开挖与填筑后，坡体就有可能出现变形与滑动迹象，甚至出现边坡滑塌。由于边坡开挖或填筑引起滑动的范围有限，所以边坡滑塌的规模与滑坡相比通常较小。由工程开挖引发的大规模山体滑坡，如古滑坡复活等，一般称为工程滑坡，不再列入边坡范围之内。

1.1.2.3 边坡的施工特征

岩土工程的一个特点是与施工过程密切相关，即使设计合理，如施工过程不当，也会导致岩土失稳坍塌，造成工程失败。为了避免边坡工程事故发生，边坡的开挖或填筑、支护等施工程序，必须进行科学的规划。通常只有十分稳定的坡体，才允许在不支护情况下开挖；对比较稳定的坡体采取开挖一段、支护一段的办法。施工过程采用逆作法，即从上往下进行。对很不稳定的坡体需要边开挖边支护，支护紧跟开挖或在开挖前就预先进行支护。坡体施工过程有时要求进行实时监测以便对施工过程的安全做出及时预报。

1.2　边坡岩体的稳定性分类

一般来说，对边坡岩体进行稳定性分类有两层意义：一是定性确定边坡周围岩体对边坡稳定性的影响，用此评价岩体质量，为工程的设计、施工、运行提供依据；二是通过工程类比法来定量确定作用在支挡结构上的岩石压力，以进行支挡结构设计。

影响边坡岩体稳定性的因素主要是岩体的稳定性、结构面产状以及结构面的结合程度。从岩体完整性来说，完整性越差，边坡岩体的稳定性越差；从结构面产状来说，当结构面外倾时，其倾角越接近 $45° + \varphi_j/2$，对边坡岩体的稳定性越不利；从结构面的结合程度来说，结合越差，对边坡岩体的稳定性越不利。根据上述三个因素对边坡岩体的稳定性进行分类。

岩体的完整性根据结构面发育程度（组数和平均间距）、结构类型、完整性系数和岩体体积结构面数等定性与定量指标进行综合评定，划分为完整、较完整和不完整三个档次，如表 1-1 所示。结构面产状划分为结构面内倾、结构面外侧而倾角大于 75° 或小于 35°、结构面外倾而倾角为 35°~75° 三个情况。结构面结合程度划分为结合良好、结合一般、结合差、结合很差四个档次。

表 1-1　岩体完整程度划分

岩体完整程度	结构面发育程度		结构类型	完整性系数 K_v	岩体体积结构面数 /条·m^{-3}
	组数	平均间距/m			
完整	1~2	>1.0	整体状	>0.75	<3
较完整	2~3	1.0~0.3	层状结构、块状结构、层状结构和碎裂镶嵌结构	0.75~0.35	3~20
不完整	>3	<0.3	裂隙块状结构、碎裂结构、散体结构	<0.35	>20

注：1. 完整性系数 $K_v = (v_R/v_P)^2$，v_R 为弹性波在岩体中的传播速度，v_P 为弹性波在岩块中的传播速度；
　　2. 结构类型的划分应符合现行国家标准《岩土工程勘察规范》（GB 50021）表 A.0.4 的规定；碎裂镶嵌结构为碎裂结构中碎块较大且相互吻合、稳定性相对较好的一种类型；
　　3. 岩体体积结构面数系指单位体积内的结构面数目（条/m³）。

在进行分类时，岩体完整、结构面内倾或结构面外侧而倾角大于 75° 或小于 35°、结构面结合良好或结合一般分别视为在岩体完整性、结构面产状和结构面结合程度方面属于良好的情况。而岩体较完整、结构面外倾且倾角为 35°~75°、结构面结合差则分别视为在岩体结构完整性、结构面产状和结构面结合程度方面属于不好的情况。岩体不完整、情况很差的情况单独考虑。某些岩体中有时会遇到一些单个的外倾软弱结构面，如断层、破碎带等，它具有延续长度大、夹泥厚和流塑性大的特点，结构面黏聚力 C_i 和内摩擦角 φ_j 极低，是导致边坡岩体失稳的重要因素。但这种情况不是经常遇到的，因而边坡岩体分类中不考虑这类结构面。这类结构面对稳定性的影响另行考虑。

由此，《建筑边坡工程技术规范》（GB 50330—2002）中将边坡岩体分为四类，见表 1-2，Ⅰ类属于极稳定（30m 高边坡能保持稳定），Ⅱ类属于稳定（15m 高边坡能保持稳定），Ⅲ类属于基本稳定（8m 高边坡能保持稳定），Ⅳ类属于不稳定。当上述三个因素均属于良好时，边坡岩体划为Ⅰ类；当上述三个因素中有两个属于良好时，划为Ⅱ类；当上述三个因素中有一个属于良好时，划为Ⅲ类；当上述三个因素全属于不好时，划为Ⅳ类。岩体不完整、结合很差基本上是碎裂结构和散体结构岩体以及强风化岩体所具有的特征，这种边坡岩体划入Ⅳ类。地下水和岩石的坚硬程度对边坡岩体稳定性的影响相对上述三个因素而言是次要的，且影响大小随具体情况的不同而不同，故单独予以考虑。该规范规定，当Ⅰ类岩体为软岩、较软岩时，应降为Ⅱ类岩体；极软岩体可划为Ⅳ类岩体；当地下水发育时，Ⅱ、Ⅲ类岩体可根据具体情况降低一档。

表 1-2　岩质边坡的岩体分类

边坡岩体类型判定条件	岩体完整程度	结构面结合程度	结构面产状	直立边坡自稳能力
Ⅰ	完整	结构面结合良好或一般	外倾结构面或外倾不同结构面的组合线倾角大于 75°或小于 35°	30m 高边坡长期稳定，偶有掉块
Ⅱ	完整	结构面结合良好或一般	外倾结构面或外倾不同结构面的组合线倾角 35°~75°	15m 高边坡稳定，15~25m 高边坡欠稳定
	完整	结构面结合差	外倾结构面或外倾不同结构面的组合线倾角大于 75°或小于 35°	
	较完整	结构面结合良好或一般	外倾结构面或外倾不同结构面的组合线倾角小于 35°，有内倾结构面	边坡出现局部塌落
Ⅲ	完整	结构面结合差	外倾结构面或外倾不同结构面的组合线倾角为 35°~75°	8m 高边坡稳定，15m 高边坡欠稳定
	较完整	结构面结合良好或一般	外倾结构面或外倾不同结构面的组合线倾角 35°~75°	
	较完整	结构面结合差	外倾结构面或外倾不同结构面的组合线倾角大于 75°或小于 35°	
	较完整（破裂镶嵌）	结构面结合良好或一般	结构面无明显规律	

边坡岩体类型判定条件	岩体完整程度	结构面结合程度	结构面产状	直立边坡自稳能力
Ⅳ	较完整	结构面结合差或很差	外倾结构面以层面为主,倾角多为35°~75°	8m 高边坡欠稳定
	不完整(散体、碎裂)	碎块间结合很差		

注：1. 边坡岩体分类中未含由外倾软弱结构面控制的边坡和倾倒崩塌型破坏的边坡;

    2. Ⅰ类岩体为软岩、较软岩时,应降为Ⅱ类岩体;

    3. 当地下水发育时,Ⅱ、Ⅲ类岩体可根据具体情况降低一档;

    4. 强风化岩和极软岩可划为Ⅳ类;

    5. 表中外倾结构面指倾向与坡向的夹角小于30°的结构面;

    6. 表中"不完整"指碎裂结构和散体结构岩体,相当于国际《基坑设计规范》中"破碎"和"极破碎";"较完整"指"完整"和"不完整"以外的情况,相当于"较完整"和"较破碎"。

1.3　边坡危害及其防治

1.3.1　边坡危害

随着国民经济的发展,大量铁路、公路、水利、矿山、城镇等设施的修建,特别是在丘陵和山区建设中,人类工程活动中开挖和填堆的边坡数量会越来越多,高度将越来越大。

由于地质条件复杂,加之人类改造自然的规模越来越大,设计施工方法不当,高边坡开挖后发生变形和造成灾害的事故频繁发生。这既增加了工程投资,又延误了工期,还给运营安全留下隐患。边坡失稳与破坏的形式很多,从地质上分,主要有坍塌、崩塌、落石、滑塌、错落、倾倒等。但其中数量最多、危害最严重的是边坡滑塌的破坏形式。从工程治理角度分,通常把边坡破坏分成两种:一种是边坡滑塌;另一种是危岩崩塌与失稳,它包含着多种地质破坏形式。边坡不仅在失稳破坏阶段造成重大灾害,而且有时在变形阶段也会造成重大损失。因为边坡变形会引发附近建筑物破裂与倒塌,导致建筑物不能正常使用或破坏。

1.3.2　边坡防治

边坡危害威胁着人类的生命安全,会造成财产损失、交通停航、城镇被埋、厂矿停工,影响着社会与生产的正常运转。

边坡防治主要从两方面着手:一方面进行边坡工程治理;另一方面进行边坡监测,形成边坡工程预报系统。

由于我国边坡治理工程技术力量很大,尤其随着我国经济建设与基础设施的迅速发展，我国治理边坡的技术水平不断提高，已逐渐赶上发达国家的水平。新中国成立后，我国的边坡治理发展到较大规模。首先在铁道部门进行了大量治理工程；其次是采矿部门，尤其是对露天矿边坡进行了研究和治理；再次，水利水电部门的边坡治理规模最大，投入最多。近年来，随着我国城镇建设工作的发展，建筑边坡治理工程大幅度增加，其规模虽然较小，但数量巨大，尤以重庆及贵阳两座城市为典型。随着我国调整公路的迅猛发展，公路边坡增长极快，公路交通部门投入大量资金进行研究与治理边坡，如京珠线、深汕线、元磨线等。

1.3.2.1 边坡工程治理的常用措施

A 放缓边坡

放缓边坡是边坡处治的常用措施之一，通常为首选措施。它的优点是施工简便、经济、安全可靠。

边坡失稳破坏通常是由于边坡过高、坡度太陡。通过削坡，削掉一部分边坡不稳定岩土体，使边坡坡度放缓，稳定性提高。

B 支挡

支挡（挡墙、抗滑桩等）是边坡处治的基本措施。对于不稳定的边坡岩土体，使用支挡结构（挡墙、抗滑桩等）对其进行支挡，是一种较为可靠的处治手段。它的优点是可从根本上解决边坡的稳定性问题，达到根治的目的。

C 加固

（1）注浆加固。当边坡坡体较破碎、节理裂隙较发育时，可采用压力注浆这一手段，对边坡坡体进行加固。灌浆液在压力的作用下，通过钻孔壁周围切割的节理裂隙向四周渗透，对破碎边坡岩土体起到胶结作用，形成整体；此外，砂浆柱对破碎边坡岩土体起到螺栓连接作用，达到提高坡体整体性及稳定性的目的。

注浆加固可对边坡进行深层加固。

（2）锚杆加固。当边坡坡体破碎或边坡地层软弱时，可打入一定数量的锚杆，对边坡进行加固。锚杆加固边坡的机理相当于螺栓的作用。

锚杆加固为一种中浅层加固手段。

（3）土钉加固。对于软质岩石边坡或土质边坡，可向坡体内打入足够数量的土钉，对边坡起到加固作用。土钉加固边坡的机理类似于群锚的作用。

与锚杆相比，土钉加固具有"短"而"密"的特点，是一种浅层边坡加固技术。两者在设计计算理论上有所不同，但在施工工艺上是相似的。

（4）预应力锚索加固。当边坡较高、坡体可能的潜在破裂面位置较深时，预应力锚索不失为一种较好的深层加固手段。目前，在高边坡的加固工程中，预应力锚索加固正逐渐发展成为一种趋势，被越来越多的人接受。

在高边坡加固工程中，与其他加固措施相比，预应力锚索具有如下优点：

1）受力可靠；

2）作用力可均匀分布于需加固的边坡上，对地形、地质条件适应力强，施工条件易满足；

3）主动受力；

4）无需放炮开挖，对坡体不产生扰动和破坏，能维持坡体本身的力学性能不变；

5）施工速度快。

D 防护

边坡防护包括植物防护和工程防护：

（1）植物防护。植物防护是在坡面上栽种树木、植被、草皮等植物，通过植物根系发育，起到固土、防止水土流失的作用。这种防护措施一般适用于边坡不高、坡角不大的稳定边坡。

（2）工程防护：

1）砌体封闭防护。当边坡坡度较陡、坡面土体松散、自稳性差时，可采用圬工砌体封闭防护措施。砌体封闭防护包括浆砌片石、浆砌块石、浆砌条石、浆砌预制块、浆砌混凝土空心砖等。

2）喷射素混凝土防护。对于稳定性较好的岩质边坡，可在其表面喷射一层素混凝土，防止岩石继续风化、剥落，达到稳定边坡的目的。这是一种表层防护处治措施。

3）挂网锚喷防护。对于软质岩石边坡或石质坚硬但稳定性较差的岩质边坡，可采用挂网锚喷防护。挂网锚喷是在边坡坡面上铺设钢筋网或土工塑料网等，向坡体内打入锚杆（或锚钉）将网钩牢，向网上喷射一定厚度的素混凝土，对边坡进行封闭防护。

E 排水

（1）截水沟。为防止边坡以外的水流进入坡体，对坡面进行冲刷，影响边坡稳定性，通常在边坡外缘设置截水沟，以拦截坡外水流。

（2）坡内排水沟。除在边坡外缘设置截水沟外，在边坡坡体内应设置必要的排水沟，使大气降雨能尽快排出坡体，避免对边坡稳定性产生不利影响。

1.3.2.2 边坡监测

边坡监测的主要任务就是检验设计施工，确保安全，通过监测数据反演分析边坡的内部力学作用，同时积累丰富的资料作为其他边坡设计和施工的参考资料。边坡工程监测的作用在于：

（1）为边坡设计提供必要的岩土工程和水文地质等技术资料。

（2）边坡监测可获得更充分的地质资料（应用侧斜仪进行监测和无线边坡监测系统监测等）和边坡发展的动态，从而圈定可疑边坡的不稳定区段。

（3）通过边坡监测，确定不稳定边坡的滑落模式，确定不稳定边坡滑移方向和速度，掌握边坡发展变化规律，为采取必要的防护措施提供重要的依据。

（4）通过对边坡加固工程的监测，评价治理措施的质量和效果。

（5）为边坡的稳定性分析提供重要依据。

边坡监测包括施工安全监测、处治效果监测和动态长期监测。一般以施工安全监测和处治效果监测为主。

边坡施工安全监测包括地面变形监测、地表裂缝监测、滑动深部位移监测、地下水位监测、孔隙水压力监测、地应力监测等内容。

边坡处治效果监测是检验边坡处治设计和施工效果、判断边坡处治后的稳定性的重要手段。一方面可以了解边坡体变形破坏的特征，另一方面可以针对实施的工程进行监测。通常应结合施工安全和长期监测进行，以了解工程实施后边坡体的变化特征，为工程的竣工验收提供科学依据。边坡处治效果监测时间长度一般要求不少于一年，数据采集时间间隔一般为 7~10 天，在外界扰动较大时，如暴雨期间，可增加观测次数。

边坡长期监测将在防治工程竣工后，对边坡体进行动态跟踪，了解边坡体稳定性变化的特征。长期监测主要对一类边坡防治工程进行。边坡长期监测一般沿边坡主剖面进行，布置的监测点的数目少于施工安全监测和防治效果监测；监测内容主要包括滑带深部位移监测、地下水位监测和地面变形监测。数据采集时间间隔一般为 10~15 天。

边坡监测的具体内容应根据边坡的等级、地质及支护结构的特点进行考虑。通常对于一类边坡防治工程，建立地表和深部相结合的综合立体监测网，并与长期监测相结合；对于二类边坡防治工程，在施工期间建立安全监测和防治效果监测点，同时建立以群测为主的长期监测点；对于三类边坡防治工程，建立以群测为主的简易长期监测点。

边坡监测方法一般包括：地表大地变形监测、地表裂缝位错监测、地面倾斜监测、裂缝多点位移监测、边坡深部位移监测、地下水监测、孔隙水压力监测、边坡地应力监测等。

1.4　边坡滑坡与泥石流

斜坡上大量土体和岩体在重力的作用下，沿一定的滑动面整体向下滑动的现象，称为滑坡。滑坡主要发生在易于亲水软化的土层中和一些软质岩中。当坚硬岩层内存在有利于滑动的软弱面时，也易于形成滑坡。埋藏于土体或岩体中的倾向与斜坡一致的层面、夹层、层间错层、断层面、裂隙面等，都易形成滑坡。由于水的浸入，滑动面摩擦阻力减小，同时也增加了滑坡体的质量，特别在滑动面下有泉水的地方更易形成滑坡。其他如风化、降水、人为不合理的加载、地表水对坡脚的冲刷、地震等，也是形成滑坡的原因。

泥石流是暴雨、洪水将含有沙石且松软的土质山体经饱和稀释后形成的洪流，它的面积、体积和流量都较大，而滑坡是经稀释土质山体小面积的区域，典型的泥石流由悬浮着的粗大固体碎屑物和富含粉沙及黏土的黏稠泥浆组成。在适当的地形条件下，大量的水体浸透流水 山坡或沟床中的固体堆积物质，使其稳定性降低，饱含水分的固体堆积物质在自身重力作用下发生运动，就形成了泥石流。泥石流是一种灾害性的地质现象。通常泥石流爆发突然、来势凶猛，可携带巨大的石块。因其高速前进，具有强大的能量，因而破坏性极大。

泥石流流动的全过程一般只有几个小时，短的只有几分钟。泥石流是一种广泛分布于世界各国一些具有特殊地形、地貌状况地区的自然灾害，是山区沟谷或山地坡面上，由暴雨、冰雪融化等水源激发的，含有大量泥沙石块的介于夹沙水流和滑坡之间的土、水、气混合流。泥石流大多伴随山区洪水而发生。它与一般洪水的区别是洪流中含有足够数量的泥沙石等固体碎屑物，其体积分数最少为15%，最高可达80%左右，因此，比洪水更具有破坏力。

泥石流的主要危害是冲毁城镇、企事业单位、工厂、矿山、乡村，造成人畜伤亡，破坏房屋及其他工程设施，破坏农作物、林木及耕地。此外，泥石流有时也会淤塞河道，不但阻断航运，还可能引起水灾。影响泥石流强度的因素较多，如泥石流的容量、流速、流量等，其中泥石流流量对泥石流成灾程度的影响最为主要。此外，多种人为活动也在多方面加剧上述因素的作用，促进泥石流的形成。

1.5　边坡环境岩土工程

1.5.1　概述

1.5.1.1　环境的概念

《中华人民共和国环境保护法》明确指出："所谓环境，是指影响人类生存和发展的各种天然的和经过人工改造的自然因素的总体，包括大气、水、海洋、土地、矿藏、森林、草原、野生生物、自然遗迹、人文遗迹、自然保护区、风景名胜区、城市和乡村等"。这里指的环境是作用于人类这一客体的所有外界事物，即对人类来说，所谓环境就是人类的生存环境，是人类赖以生存和发展的各种因素的总和。环境总是相对于某一中心事物而言的，总是作为某一中心事物的对立面而存在的。它因中心事物的不同而不同，随中心事物的变化而变化，与某一中心事物有关的周围事物就是这个中心事物的环境。环境是一个非常复杂的系统。可按环境的形式、环境的功能、环境范围的大小和环境要素等不同的原则进行分类。在环境科学中最常用的分类法是把环境分为自然环境和人工环境。

自然环境在人类出现之前就已存在，是人类赖以生存、生活和生产所必需的自然条件和自然资源的总称，即阳光、温度、气候、地磁、空气、水、岩石、土壤、动植物、微生物以及地壳的稳定性等自然因素的总和。自然环境按人类对其影响和改造的程度，又可分为原生自然环境和次生自然环境。原生自然环境是指未受人类影响，或只受人类间接影响，景观面貌基本上未发生变化，按照自然规律发展和演替的区域。次生环境是指受人类发展运动的影响，景观面貌和环境功能发生了某些变化的自然环境。次生环境的发展和演替，虽然受人类影响，但基本上仍然受自然规律的支配和制约，所以它仍然是属于自然环境的范畴。

社会环境（人工环境）是人类在自然环境的基础上，为了不断提高自己的物质和精神生活水平，通过长期有计划、有目的的经济和社会发展，逐步创造和建立起来的一种人工环境，如城市环境、农村环境、工业环境等。社会环境是与自然环境相对应的概念，社会环境的发展和演化，既受自然规律的支配和制约，又受经济规律和社会规律的支配和制约。社会环境是人类物质文明和精神文明发展的标志，它随着经济的发展，特别是科学技术的发展而不断地变化。社会环境又称智能环境、技术环境或社会生活环境等。我们赖以生存的环境就是这样由简单到复杂，由低级到高级发展而来的。社会环境的好坏，对人的工作与生活，对社会进步，都影响极大。

1.5.1.2 环境岩土工程

环境岩土工程是一门跨学科的新兴科学，它包括土壤和岩石以及它们和各种环境因素的相互作用。它涉及岩土力学与岩土工程、卫生工程、环境工程、土壤学、地质学、水文地质、水文地球物理、地球化学、工程地质、采矿工程以及农业工程等。利用这些基础理论可解决生产实践特别是工程建设当中存在的一系列问题，然后又在实践中发现新的问题，来发展和充实这门学科，同时也对环境学理论做出贡献，因此它是理论与实践之间的桥梁。

环境岩土工程的研究范畴有狭义和广义之分。狭义的环境岩土工程问题是由人类活动引起的次生环境岩土工程，其表现方式又可分为环境污染和环境破坏两种类型；环境污染是指人类活动向环境排放了超过环境自净能力或环境质量标准的有毒有害物质和能量所引起的环境问题；环境破坏是指在开发利用自然环境和自然资源的非排污性活动过程中所引起的问题，例如，边坡开挖引起的滑坡灾害，打桩、盾构和顶管推进以及基坑开挖对周围建筑及道路的影响，降水工程和地下工程引起的环境问题，水土流失、土壤盐碱化、自然景观的破坏等问题。

1.5.1.3　边坡与环境

随着科学技术的突飞猛进，人类获得了巨大的开发和利用大自然的能力。人类在赖以生存的家园上大兴土木，开山辟地，筑路架桥，修房建厂，这些工程为人类提供了必要的生存条件，但同时也破坏了大自然原有的生态平衡。公路、铁路、水利、电力、矿山等工程建设过程中经常要大量挖方、填方，形成了大量的裸露边坡。裸露边坡会带来一系列环境问题，如水土流失、滑坡、泥石流、局部小气候的恶化及生物链的破坏等。这些工程所形成的边坡靠自然界自身的力量恢复生态平衡常常需要较长时间。往往在陡峭的岩石边坡留下永久的伤痕，不能自然恢复。

在进行边坡设计、滑坡治理中充分结合生态工程绿化、美化环境保护和恢复自然，促进人类文明的可持续发展正越来越受到全世界的重视。进入 20 世纪 90 年代以来，我国基础设施建设，尤其是高速公路建设蓬勃发展。在高等级公路的修建中，出现大量的深挖路堑与高填路堤边坡，其防护问题十分突出。公路边坡沿公路分布的范围广，对自然环境的破坏面大。如果在防护的同时，注意保护环境和创造环境，采用适当的绿化防护方法来进行，则会使公路具有安全、舒适、美观、与环境相协调等特点，也将会产生可观的经济效益、社会效益和生态效益。

作为工程建设中最常见的工程形式之一的岩土边坡，与环境有着紧密的联系，它们相互影响，相互制约。研究边坡与环境的相互作用将涉及边坡工程学、环境工程、土壤学、地质学、水文地质、水文地球物理、地球化学、工程地质等。边坡对环境的影响主要表现在以下几个方面：

（1）在不同建设工程中形成的边坡处治可能会造成占用土地、砍伐森林、拆迁建筑物、破坏自然风貌和人文景观等一系列社会环境问题。

（2）在边坡工程施工过程中，因开挖使地表植被遭到破坏，原有表土与植被之间的平衡关系失调，表土抗蚀能力减弱，在雨滴和风蚀作用下水土极易流失，严重时造成滑坡、泥石流、山洪等危害。同时边坡处治工程常常改变边坡周围环境的小气候。

（3）当一个边坡位于自然景区时（如公路、铁路、水电建设等），必然会给自然景观的和谐性带来影响，从而改变人们的视觉平衡。植物不仅对生态环境起着决定性的作用，而且也是自然景观最美丽的皮肤。边坡的开挖和处治本身要占用自然空间，这就等于撕掉自然界景观的一块皮肤。在环境生态价值减少的同时，也会给自然景观带来严重的损害。

此外边坡开挖与处治形成的取土场地、材料堆放场地等，也会破坏自然植被。

1.5.2 国内外边坡处治中的环境保护技术发展

由于边坡工程对环境造成严重影响，因此在边坡处治中必须加强环境保护措施。对边坡已经造成的环境破坏进行生态恢复，目前国内外采用的主要方法就是边坡的植被防护技术。

岩土边坡植被护坡防护技术与传统的圬工相比，不仅具有防护功能，而且能快速地改善建设工程场地的生态环境，因此世界各国都在不断研发与应用。土质边坡绿色防护技术的发展源于草坪技术的发展和应用，而草坪的利用源于亚洲，兴起于欧洲，发展于美洲。大体上经历了从天然草原、庭院住宅（人工绿地）、运动、娱乐、休假场地等到具有各种机能的草坪（如处理地表面），防止尘土的过程。其播种方式经历了一个从单播植物技术到混播技术，从人工播种、机械液压喷播技术到草坪卷生产技术的发展历程。坡面绿化的防护类型也经历了一个从土质边坡到岩质边坡的发展过程。20世纪30年代以来，美、英、法、日、韩等国相继开展研究液压喷播植草技术，并广泛应用到这些国家的农业、道路边坡工程中。20世纪70年代以来，先是欧美国家，继而东南亚国家和地区的液压喷播技术也蓬勃兴起。自20世纪80年代起，日本开始对岩质边坡绿化技术进行研究开发，据有关资料显示，20世纪80年代至今，日本在本国及国际上注册的植被防护的专利技术就多达40多项，其中20世纪80年代至90年代开发的泥浆喷播技术是采用泥浆泵，将沃土、草种等混合而成的浆体均匀地喷射到坡面上，较好地解决了平缓的贫瘠土质及破碎风化的岩质边坡的绿化问题；厚层基材植被护坡技术，从1976年至今，人们先后做了大量的研究工作。黏结剂先后用过水泥、无机高分子聚合物乳化液与凝聚剂的混合物；纤维先后用过草本、木本有机短纤维及连续纤维，基材的基本材料有砂土、壤土、有机质泥炭土等，较好地解决了贫瘠的高、陡边坡的绿化问题。此外，人们对多气孔生态混凝土也做了一定的研究工作，取得了一定的进展。目前，日本不仅在新建公路、各种地质灾害的恢复工程和水库等土质、岩质边坡上广泛采用植被护坡技术，而且对已建的挡、护工程正在逐步拆除，用新型的植被护坡取代。此外，英国、意大利等国将加筋土技术与植被护坡技术相结合，成功地修建了包裹式的加筋土植草墙面的挡土墙。

在国内，铁路、公路、水利部门以往常采用撒草籽、铺草皮来解决土质边坡的绿化问题，近几年，随着"绿色通道建设"工作的推进，我国也开始借鉴和引用国外先进的技术和成功的经验，逐步从传统的边坡防护方式向边坡绿色防护方向转变，从传统的撒草籽、铺草皮绿化方式向现代的液压喷播、土工网垫植草、草皮卷植草等新型绿色防护技术转变，如京珠、郑（州）洛（阳）高速公路等一批国家重点工程中已成功地采用了液压喷播植草护坡，从而大大提高了土质边坡植草的快速成活率和公路沿线的整体景观效果。

在重视环境保护、美化的思想深入人心的今天，怎么解决传统呆板的防护形式，大力发展充满活力的植被防护技术，特别是岩石边坡的绿化技术，正在被工程界所重视，亦是岩土边坡防护技术发展的重要方向。

2 边坡工程稳定性分析方法

随着岩土工程技术的发展，人类对边坡的稳定性研究也在不断地深化。最初，人们仅限于对滑坡、崩塌等灾害的研究，现今已开始关注人工边坡及自然边坡，纵观历史发展，归纳前人对边坡稳定性问题的研究，大致有下面的几个阶段。

20 世纪 50 年代初，由于欧美国家工业化的兴起，大规模的采矿、修筑铁路等工程建设，导致了很多人工边坡的出现，并诱发了大量的滑坡和崩塌，造成了重大的经济损失。于是，以滑坡为主要内容的半经验、半理论的研究逐渐开展起来。本时期的边坡稳定性研究主要是从边坡所处的影响因素、失稳现象和地质条件上进行初步的分析和对比，并应用极限平衡的静力条件对极限状态下的边坡进行稳定性评价。早期的极限平衡计算法就是主要基于各种假设的条分法。条分法最早是由瑞典人 Petterson 提出的，后来又有人对瑞典条分法做了各式各样的改进，才出现了基于不同力学假定的条分法，如 Morgenstern 法、Fellenius 法、Janbu 法、Sarm 法、Bishop 法、Spencer 法等，并针对其分析方法研发了计算机程序。

20 世纪 50 年代，人类的研究比较着重于人工边坡的划分，最早被引入的地质历史分析法对滑坡的分析和研究做了有意的探索。通过对人工边坡类型的划分和地质现状的描述，运用工程地质类比法对边坡的稳定性进行评价是这一时期边坡稳定性研究的主要特点。

20 世纪 60 年代，边坡工程地质问题随着工程建设规模的壮大逐渐显现出来。特别是 1959 年法国 Malaises 大坝左岸坝肩岩体的崩溃事故和 1963 年意大利 Vajont 大坝上游左岸的边坡滑坡事故的发生，无论在经济上还是在安全上都给人们带来了巨大损失，这更让人们认识到对边坡破坏力学机理探索的不足。于是，人们开始重视结构面对边坡稳定性的控制作用，形成了初步的岩体结构的边坡分析方法。同时研发了以实体边坡比例的投影为依据，分析边坡失稳的观点，以此来对边坡的稳定性进行定性评价。与此同时，我国一些研究者在野外开展了大型岩体力学试验，加深了岩质边坡稳定性的研究。岩质边坡稳定性问题的研究基础理论和方法途径等均在这一时期取得较大进展。

20 世纪 70 年代，人类开始着重于对边坡破坏机理的研究，提出了边坡变形破坏的机制模式和累积性破坏的观点，将边坡失稳的形成演化机制与其变形破坏的全过程串联在一起，促使边坡稳定性问题的研究进入了岩体力学分析和地质现状分析相结合的时代。在边坡的破坏机理探索方面，至今为止人们已提出了很多观点，如孙广忠提出的"岩体结构控制论"观点，王兰生提出的斜坡失稳的 3 种基本破坏方式和斜坡变形的 6 种主要模式；相同时期下，国外的 R. E. Goodman 也出版了《非连续岩体地质工程方法》一书，书中深入细致地讲述了研究岩体结构特性的过程。

20 世纪 80 年代，随着计算机技术水平的进展和岩体力学性质研究的提高，各种数值模拟技术和数值计算方法开始应用于边坡的稳定性研究。随着数值计算方法的进展，本构关系上的非线性和几何上的非线性已经开始被考虑，岩土体的本构模型已由弹性、塑性、弹塑性模型发展到黏弹性、黏塑性、黏弹塑性模型。岩体的大变形理论、损伤理论以及断裂力学理论的引入使数值分析结果更接近实际情况，是今后数值分析方法发展的主要方向。在数值分析方法发展的基础上，人们对边坡变形破坏机制、影响稳定性的因素、内部应力状态、地质体的赋存环境、坡体结构等都进行了深入的分析。同时，孙玉科、王兰生等对边坡的破坏机制进行了进一步的研究，补充和完善了边坡变形破坏的地质模式，并提出了一些相应的稳定性计算方法；针对不同的地质模式，Saram 则研发了适用于节理岩质边坡失稳的 Saram 分析法。总的来说，该时期在计算模型、岩土力学参数确定和计算方法方面都取得了重大的发展，促使边坡科学发展进入到高峰期。

20 世纪 90 年代以来，系统科学、非连续介质理论、非线性科学理论以及计算机技术的发展，为研究边坡稳定性问题提供了许多新的方法和途径，人们的注意力也从边坡专题研究开始逐步转向边坡工程的系统性研究。学科之间的交叉和渗透，使许多与现代科学有关的方法和理论，如模糊数学、滑坡非线性动力学分析、可靠性分析理论、系统方法、突变理论、神经网络理论、分形理论及灰色理论等广泛应用于边坡稳定性的研究中，从而使边坡稳定性的研究步入了定量与定性的结合阶段，并形成各种各具特色的边坡稳定性预测模型。

通过以上对边坡稳定性问题的研究历程可发现，从最初对地质现象的定性描述和理想模型的建立分析到现如今利用便捷的、精确的数值计算方法对边坡稳定性问题进行的定量评价，边坡稳定性研究已经取得了辉煌的成果。但是，随着人类对边坡工程探索的不断深入，所开采边坡的高度越来越大，边坡形状、地质状况也变得越来越复杂，暴露出来的各种各样的问题也越来越多，因此仍需要对这些新问题和新情况进行探索和研究。

边坡滑坡是边坡自身保持稳定的调整过程，同时促使边坡失稳的还有地质、气候、水文、风化、气象、人类的工程活动等内外因素。但其失稳的最根本原因是应力 - 应变状态的改变。开采过程中边坡失稳的主要原因有：应力释放对坡体临空面土层强度的时间滞后影响；开挖工程的地质土层应力释放后对形成的坡面应力状态的影响；环境水的渗流作用对坡体应力与强度的影响；自然环境对坡体土层强度的交融变化、风化侵袭所引起的应力效应；工程堆载对坡体的应力扩散传播影响。

边坡稳定性分析方法研究一直是边坡工程的研究热点，其发展程度不仅关系到工程安全和经济效益，更关系到时代科技的发展。纵观边坡的稳定性研究的发展过程，发现其经历了一个从不完善到逐渐完善、从不成熟到逐渐成熟的发展历程。从目前来看，边坡稳定性分析方法主要可分为五大类方法：定性分析方法、定量分析方法、不确定性分析方法、物理模型法和现场监测法。

2.1 定性分析方法

定性分析法主要是通过分析影响边坡稳定性的主要因素、失稳边坡的力学机制和边坡的变形方式，来对边坡的稳定性进行评价，并说明该边坡将来可能发生的状况，并且该方法具有综合考虑影响边坡稳定性多种因素的优点。主要方法有：自然历史分析法、工程类比法、边坡稳定性分析数据库法、专家系统法、图解法、SMR 法。

（1）自然历史分析法。该方法主要根据分析边坡变形破坏的发育历史迹象、地质环境、影响稳定的因素等历史状况，并研究边坡失稳的整个过程，考虑边坡的区域性特征、趋势和总体状况，对已发生滑坡的边坡做出评价和预测。自然历史分析法主要应用于自然斜坡的稳定性评价。

（2）工程类比法。该方法的本质是将收集的边坡稳定性状况、影响因素及矿山设计院所提供的有关设计等多方面的资料作为矿山开采设计和分析边坡稳定性的研究依据。工程类比法已被列入到一些重要规范和规定中，规定其方法应用在地质工程设计中。正是由于工程类比法的发明，许多岩土工程设计取得了显著的成果。工程类比法是对两个类似系统的研究和类比推理，由一个系统的性质推理假设出另外一个系统的性质，此方法是一种横向思维。工程类比法虽然是一种经验方法，但在边坡的稳定性分析评价和设计中，特别是中小型工程的设计和评价中是一种很通用的方法。工程类比法被广泛应用在边坡稳定性分析中。

（3）边坡稳定性分析数据库法。边坡工程数据库系统是一种把收集来的边坡实例的地质特征、发育特点、变形破坏过程、影响因素、加固设计、边坡角、坡高、坡形等资料按照一定的格式系统地组织在一起的计算机方法。数据库的建立为类似工程的边坡的稳定程度提供信息支持，在设计过程中计算机会根据设计的不同需求，很快速地从所储存的数据库中搜索出相近度最高的边坡实例，为设计提供有效的指导。正是由于此方法的发明，"水电工程边坡数据库"在"八五"科技攻关期间发明了。

（4）专家系统法。专家系统是一种把一位或多位边坡工程专家的数值分析、理论分析、工程经验、现场监测、理论模拟等有效的知识和方法有机地组织起来的智能化计算程序。该计算程序可对边坡工程稳定性进行分析和设计，构建一个边坡工程知识库。该库存有影响各种边坡失稳的因素，利用计算机智能化系统的程序模拟人脑的思维、推理与决策，在模拟系统中计算机以专家的身份对边坡进行咨询。所以以专家知识为基础的智能化系统已具备了专家处理问题的能力。正是由于专家系统能考虑到复杂边坡更多不确定性因素的影响，因此，在边坡稳定性分析中，专家系统的判断具有一定的优越性。

（5）图解法。图解法可分为投影图法和诺模图法。投影图法是运用赤平极射投影的原理，通过作图直观地表示出边坡变形破坏的边界条件、可能失稳的岩体及其滑动方向，分析不连续面的组合关系等，从而评价边坡的稳定性。常用的投影图法有实体比例投影图法、坐标投影图法、赤平极射投影图法。目前该法主要用于岩质边坡的稳定性分析。诺模图法是利用关系曲线或一定的诺模图来表示影响边坡稳定参数间的关系，并能求出保证边坡稳定的安全系数，或根据所需求的安全系数及某些参数来反推其他参数的方法。实际上它是一种数理分析方法的简化方法，使用起来比较便捷，结果也比较直观。

（6）SMR 法。SMR 法是一种以对边坡岩体的特性进行分类和评分的大小来评价边坡岩体的稳定性程度的方法。SMR 方法是 Romana 在 1985 年对 RMR 法进行修正的基础上得来的，其目的是为了对边坡工程进行合理的分类，并在研究中研发了节理方向参数改正的阶乘方法和边坡稳定性被不连续面的力学特征所控制的成果，为边坡开挖方法增加了很多改正因素。该方法不仅综合反映了边坡岩体的地质基本特征，更是一种能够综合反映边坡岩体的稳定程度、地下水作用和重力作用效应的综合指标，并应用到露天矿山边坡稳定性评估中。正是由于 SMR 法能够充分考虑岩体结构面对边坡稳定性的影响，该方法在边坡稳定性分析中占有相当大的优势。

虽然定性分析法在分析边坡的稳定性中能综合考虑多种因素的影响，并能很快地对边坡的稳定状态做出结论，但是对边坡的内在应力与应变能力之间的关系的研究仍存在不足，要想更精确地对引起边坡失稳的原因做出评价，仍需要配合其他的分析方法。

2.2　定量分析方法

定量分析法是分析边坡岩体的地质资料和力学性质，考虑边坡岩体可能受到的荷载，选取具有代表性的边坡模型和所选边坡的物理力学参数对其稳定性进行分析和计算。主要包括极限平衡分析法和数值模拟法。

2.2.1　极限平衡法

极限平衡分析法建立在潜在滑移刚性块体的力系或力矩平衡分析的基础上，

不考虑滑体本身的变形，只考虑滑体沿假定滑面的滑移，边坡变形破坏时其剪切破坏面（可以是平面、圆弧面、多级折面、不规则面等）满足 Mohr-Coulumb 破坏准则。

在大量的边坡工程分析和研究中，该方法积累了丰富的经验，是目前普遍使用的一种定量分析方法。它通过分析临近破坏状况下边坡工程岩体外力与内部强度所提供抗力之间的平衡，计算边坡工程岩体在自身和外荷载作用下的边坡稳定程度，通常以边坡稳定系数（安全系数）表示。其中最有代表性的计算方法有瑞典圆弧法、瑞典条分法、毕肖普法（A. N. Bishop）、简布法（Janbu）、斯宾赛法（Spencer）、摩根斯顿 – 布鲁斯法（Morgenstern – Price）、不平衡推力传递法、楔体分析法（Hoek）、萨尔玛法（Sarma）以及 20 世纪 80 年代何满潮教授提出的 MSARMA 法（Modified Sarma）等。

近期又有学者提出基于最小安全系数的改进条分法，Donald 和陈祖煜（1997 年）将 Sarma 的静力平衡方程转化为微分方程，通过求解该微分方程的闭合解得到安全系数，并已开发出边坡稳定性分析程序 EMU 等。这些方法的不同之处在于各自的边界条件和假设不同，满足的平衡条件、滑动面形状、分条方法及各分条之间作用力处理方式的不同等。

极限平衡法一般为二维分析，适用于长直边坡的平面应变分析。对于弧形或圆锥状边坡则宜采用三维分析方法。冯树仁和杜建成等提出了关于边坡稳定的三维极限平衡计算方法，王家臣等提出了考虑边坡渐进破坏的三维随机分析方法等。上述研究成果完善了极限平衡法的理论，进一步提高了极限平衡理论的实用性。

在进行边坡工程稳定性分析中，极限平衡分析法具有模型简单、计算简捷、可解决各种复杂剖面形状、能考虑各种加载形式的优点，并有多年的实用经验，若使用得当，能得到比较满意的结果。一般地，忽视空间效应，将边坡工程稳定性分析作为平面问题来考虑，得出的结果偏于安全。此外，由于该方法引入了过多的人为简化假定，不考虑岩土体自身的应力、变形等力学状态，所求出的岩土体分条间的内力和岩土体分条底部的反力，均不能代表边坡工程在实际工作条件下真实的内力和反力，只是利用人为的虚拟状态求出安全系数而已，不能反映边坡工程的整体或局部变形情况，因此，对变形控制要求较高的重要边坡工程，传统的极限平衡分析方法就显得束手无策了。

2.2.2　数值分析方法

自 1966 年美国的 Clough 和 Woodward 应用有限元法分析土坡稳定性问题以来，数值方法在边坡工程中的应用取得了巨大进展。

数值分析方法主要包括有限元法、无单元法、离散元法、边界元法、DDA

法、流形元法、拉格朗日（FLAC）法和蒙特卡罗法等。

（1）有限元法：是近年来在边坡稳定性研究中应用比较广泛的分析方法之一。计算出二维或三维下的边坡的安全系数，其过程是考虑土的本构非线性关系，计算出各单元的应力－应变，就能根据不同强度指标确定破坏范围的扩展情况和破坏区的位置，该方法并能将整体破坏与局部破坏联系起来，得出临界滑面的合适位置。其实质上是把拥有无限个自由度的连续系统，理想化为仅有有限个自由度的单元集合体，最终是把问题转化为适用于数值求解的结构型问题。

（2）无单元法：是一种在有限元的基础上改进了的方法。该方法具有操作简单、计算精确度高、收敛速度快、提供了场函数的连续可导近似解等优点，并在计算中只需节点信息。正是由于无单元法具备以上优点，所以被广泛应用在边坡的稳定性计算分析中，并有着广阔的应用前景。

（3）离散元法：是一种适用于层状破裂、块状结构或一般破裂结构岩体边坡不连续岩体稳定分析的数值方法，其最大的特点是能计算岩块内部的应力－应变分布，还能把岩块上下顶底板之间的滑动与倾翻等大移动清楚地反映出来，并允许单元之间的相对运动，满足了变形协调和位移连续条件的要求，能对系统内大变形和变形过程进行有效的模拟。

（4）边界元法：是一种只需对已知边坡边界极限离散化的数值方法，因此具有输入数据少、计算精度较高的优点，在处理无限域方面也具有明显的优势。但对处理复杂边坡和材料的非线性方面仍存在不足。

（5）不连续变形分析（DDA）法：不连续变形分析是石根华于1988年提出的一种新的数值方法。它是一种用离散元很相近的块体元模拟块体系统，而这个块体是由不连续面切割所成的，在模拟中，块体通过不连续面间的接触连成整体。该方法的计算网络与岩体物理网络是相同的，并且岩体连续和不连续的具体部位能被反映出来。DDA法不同于一般的连续介质，其整个系统的力学平衡条件是由不连续面间的相互制约所建立起来的，由于非连续接触和惯性力的引入，DDA采用运动学方法不但可以解决岩体动力问题，而且还可以解决材料的非连续的静力问题，并能计算出边坡破坏前后的大小位移，如滑动、崩塌、爆破及贯入等，比较适用于极限状态的分析计算。

（6）流形元法：流形元法的基本原理是一种以拓扑流形为基础，利用有限元的覆盖技术，并结合DDA法与有限元法各自优点的新的数值方法。

（7）拉格朗日（FLAC）法：FLAC分析法能较好地考虑岩体的不连续性和大变形特征，解决了边坡的大变形问题。FLAC数值法是在人们分析有限差分法的原理的基础上提出的。此方法具有考虑岩体的大变形特点、不连续性、求解速度快等优点。但也存在破坏状态位移偏大等缺点。

（8）蒙特卡罗法：是通过输入的随机变量的分布函数的数值来计算边坡安全

系数的一种方法。该方法使卸荷裂隙、黏聚力、地下水深、地震荷载、内摩擦角等对边坡的稳定有影响的各种因素被考虑进去。

数值分析方法能从较大的工程范围考虑边坡介质的复杂性，比较全面地分析边坡工程的应力与变形状态，能够对边坡工程从局部开始渐进扩展至整体破坏的过程进行量化表征，能够加深人们对边坡工程破坏模式和变形破坏规律的认识，是对极限平衡方法的改进和补充。

由于边坡工程的复杂性，如何合理概化边坡工程岩体的连续性，建立符合边坡工程实际的地质模型和计算模型，正确选用计算参数和合理的本构关系等，仍是值得深入探讨和研究的问题。

2.3 不确定性分析方法

随着人类对边坡工程研究的深入，发现越来越多的不确定因素在矿山设计和稳定性分析中被涉及，而不确定性分析法正好弥补了这一不足，把边坡的不确定性因素都考虑在内。当前不确定性分析方法包括：灰色系统理论评价法、可靠度评价法、神经网络评价法、模糊综合评价法和分形几何法等。

（1）灰色系统理论评价法。灰色系统理论是既把事物的已知因素和未知因素考虑在内，又把边坡的不确定因素考虑在内的一种特别的描述灰色量的数学模型，即把全部的信息量当做系统中的灰色量。在灰色关联度边坡稳定性分析的基础上，利用各影响因素叠加后的影响程度，进而分析和评价出边坡的稳定性。

（2）可靠度评价法。可靠度评价法是一种以结构工程的可靠性为理论的新方法，该方法在分析中不仅把边坡的岩体性质和地下水作为不确定因素，而且还把边坡的计算模型、荷载和破坏模式等作为边坡分析的不确定因素，然后结合边坡的具体情况，利用可靠性指标或者破坏概率把边坡的安全程度系统地评价出来。不过由于该方法是近 20 年来新发展起来的一种评价边坡工程的方法，所以还存在许多缺陷，仍需要继续探索和研究。

（3）神经网络评价法。神经网络评价法是一种多层网络的"逆推"学习算法，它是由一个输入层、一个或多个隐含层和一个选择输出层组成的，是利用工程技术手段模拟人脑神经网络的功能和结构的一种技术系统。以并行方式处理信息和数据，具有很强的自学能力、良好的容错性以及对环境的适应能力，通过搜索非精确的满意解来建立输入和输出的非线性映射，尤其适合处理知识背景不清楚、推理规则不明确等复杂类型模式及不能有效的识别和难以建模的问题。人工神经网络理论的应用，可以尽可能将影响边坡稳定性的因素作为输入变量，建立这些影响因素与安全系数的非线性映射关系，然后利用这种关系来预测边坡的稳定性。至今，应用最成熟的是 BP 神经网络，但其存在收敛速度缓慢和易陷入局部最小值等缺点。为了克服这些缺点，复合网络、自适应网络等逐渐被应用到边坡稳定性分析中去。

（4）模糊综合评价法。模糊综合评价法是应用模糊变换原理和最大隶属度原则，将模糊理论应用到边坡稳定性分析中，综合考虑被评事物或其属性的相关因素，进而进行等级或类别评价。但由于此种办法的评判较为笼统、主观性较大，所以一般应用在外延不明、内涵明确的边坡评价中。

（5）分形几何法。在边坡稳定性分析中，根据边坡位移的监测资料，依据关联维数 D2 的原理，应用分形理论确定边坡状态空间维数的充分值和必要值，然后依据 Renyi 熵 K2 的原理，用 K2 和 |K2| 来分析边坡稳定性和稳定程度。分形几何的应用必须在无特征尺度区内，如果没有足够的经验，分数维所包含的信息将难以挖掘，因此，应考虑将分数维与各种方法综合起来应用。

对边坡工程进行稳定性分析时，各种不确定性方法都不同程度地考虑了边坡岩体和边坡工程本身的不确定性。对边坡工程复杂性和非线性性质的认识是传统的确定性分析方法所不能比拟的，这决定了不确定性分析方法在边坡工程应用中的普遍性和广阔前景。

目前，不确定性分析方法尚存在着诸多不足，如对边坡进行稳定性评价时，不能考虑边坡变形破坏时的受力状态，也不能考虑边坡渐进变形破坏的过程，即对边坡动态稳定性演变过程不能进行分析，此外，不确定性分析方法普遍存在着理论上还不完善的问题，限制了它们在工程中的推广应用。

2.4　物理模型法和现场监测法

边坡稳定性分析方法还有物理模型法和现场监测法。

（1）物理模型法。该方法是一种发展较早、形象直观、应用广泛的边坡稳定性分析方法。主要包括底摩擦试验、光弹模型试验、离心模型试验、地质力学模型试验等。这些方法通常能把边坡岩土体中的应力大小及其分布、加固措施的加固效果、边坡岩土体的变形破坏机制及其发展过程等形象地模拟出来。

物理模型试验方法的最大问题是相似比不易满足、试验结果不能重复再现、随边界条件的改变适应性差、试验周期长、对模型尺寸的大小和精度要求较高、测量方法及其技术要求严格、费用较高等。

（2）现场监测法。坡体的应力、强度、工程环境、自然环境和水环境的变化对边坡工程的稳定性有重要影响，因而边坡的稳定性是一个动态变化的过程，滑坡的形成也总是从稳定状态的小变形发展到大变形的过程。从边坡工程应用出发分析可知，在加强边坡稳定性分析理论与研究方法的同时，更为重要的是应进行现场监测分析，这样才能更好地认识边坡失稳的征兆和岩土体变形的发展过程。利用现场监测位移、速度、声发射率、脉冲频率、地下水等信息，对边坡岩土体稳定性做出评价和预测，或对已加固措施的加固效果进行检验。捕捉边坡工程由稳定状态向不稳定状态突变的前兆信息，并对其进行分析和解释，可更好地认识边坡岩体变形的发展过程和失稳的征兆。目前，现场监测方法主要包括岩土体应力监测分析、岩土体变形监测分析、远程监测监控分析、3S 监测分析、声发射监测分析等。

综上所述，边坡工程研究理论多种多样，各有其优点和局限性，因此，在对边坡工程进行稳定性分析时，不能片面、孤立地处理问题，需综合运用各种分析方法，应用系统科学原理，采用综合集成的方法，充分利用已有的工程经验和现有的各种理论与方法，对边坡工程稳定性进行定量和定性分析。只有将科学方法与工程经验相结合，才能更好地改进、完善各种不确定性分析方法，使之更好地应用于工程实践。

3 废渣场边坡

3.1 概述

近年来岩土工程在理论计算和工程实际中都有了突飞猛进的发展，取得丰硕成果；对于岩石和土质边坡，许多岩土工程领域的科技人员进行了大量试验及理论研究，在理论和实践上都取得了很多成绩。但是对将水淬渣等工业废料作为铁路路基，在岩土工程领域研究得较少，有关废渣场稳定性方面的参考资料及参考文献也较少。为进一步加强废渣等工业废料边坡的稳定性研究，结合工程实例，科技人员分别从废渣物理力学试验、边坡稳定极限分析研究、边坡稳定数值计算研究、边坡路基沉降研究、边坡稳定可靠度研究、现场试验研究以及排渣方案研究等几个方面进行系统研究，并得出可以指导渣场建设和类似工程建设的技术指标和参数。以甘肃省某冶炼厂的废渣场稳定性研究为工程背景展开研究，成果对今后冶炼废渣及工程废渣的渣场稳定研究有很大借鉴意义，同时对废渣场作为路基的稳定性研究方面有普遍的示范意义。

废渣场建成于 1986 年，是翻卸热渣、水渣、炉灰等工业废料的专用堆料场，见图 3-1。水渣是冶炼后的废渣经过水淬后形成的，又称水淬渣，由颗粒组成，粒度主要集中在 1.2mm 左右，见图 3-2、图 3-3；热渣是熔融状态废渣运输到渣场后，倾倒在渣场，经过冷却后形成的层状固体，如图 3-4、图 3-5 所示；少量的粉煤灰是窑炉燃料燃烧后的炉灰。

图 3-1 渣场照片

图 3-2 排放的水渣

图 3-3 水渣粒度图

图 3-4 热渣倾倒过程

图 3 - 5 冷凝后热渣

渣场采用火车运输排渣，按作业工艺，先在边坡边缘上铺设轨道，采用侧卸式车厢翻卸水渣，翻卸的水渣经过排土犁平整（图 3 - 6），达到一定宽度，一般为 8m；然后在上部翻卸热渣，热渣由上部流动到边坡及坡底，经过一段时间冷凝后，在边坡周围形成一层坚硬的外壳，保护边坡稳定。热渣形成一定厚度的坚硬外壳以后，铁路线路需同步向外移动（简称移道），移道后如图 3 - 7 所示，移动到边坡边缘附近，然后又开始翻卸水渣，进行下一个循环的翻卸。

图 3 - 6 排土犁

渣场结构始终处于热渣和水渣交替变化状态，随着公司的发展、排渣量的增大，渣场范围逐渐扩大，渣场平面半径在不断变化，水渣与热渣的比例在不断变化，渣场高度逐渐增加，坡顶倾角也在不断变化调整，上部铁道需要经常移动。渣场的内部结构见图 3 - 8。

图 3-7 移道后的边坡

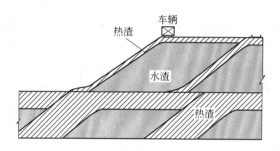

图 3-8 渣场结构示意图

经过 20 多年的运行，现在已形成了全长 2.8km 的环形渣场，渣场倾角 34°，垂高约 15m。在以往的生产过程中，由于热渣产量很大，热渣与水渣的比为 1.5∶1，因此可以在边坡外周形成很厚的坚硬外壳，能够保证边坡有足够的稳定性。随着公司生产发展、产品结构调整与冶炼新项目的投产，冶炼生产工艺有了变化，这使得水渣的产量将大大增加，水渣翻卸量增加，热渣、水渣的比例将发生变化，预计未来热渣与水渣（含少量粉煤灰）的比例为 1∶2（质量比）。这样的渣料比例定将使得边坡外周的热渣厚度大大减小，在减小到一定程度后，如果没有安全可行的堆放设计方案，仍采用原来的随意堆放方式，就会对路基稳定性产生影响，车辆运行不平稳，造成脱轨或翻车事故。如果排渣出现事故无法顺利实施，正常冶炼就会中断，生产可能无法正常进行。而对于这种由高温热渣（约 1200℃）和松散水渣组成的复杂结构，许多传统的边坡加固措施很难实施。

总结以前的渣场运输经验，吸取渣场运输事故教训，为避免类似事故发生，保证移动铁道的路基和边坡稳定，确保上部铁路运输及翻卸废渣安全，必须在堆放废料构成比例变化的情况下，提前对未来铁路路基边坡稳定性进行研究，确定科学有效的堆放方案，保证生产安全有序地进行。

随着工业化进程加快，工业、交通运输业、水电业以及城市建设快速发展，一方面，对各种金属材料的需求剧增，冶炼业飞速发展，随之而来的是产生大量冶炼废渣；另一方面，道路及水电站等大型工程迅速增多，会产生大量固体废渣。例如：包钢年产铁渣量 2005 年已达到 378 万吨；鞍钢新一号高炉是鞍钢炉容量最大的现代化高炉，其日产渣量高达 4000t，宝钢 4 号高炉日产废渣在 3000t 以上。虽然有部分废渣被加以利用，但仍有大部分未被利用。这些废渣或堆砌在平地，或堆砌在山谷，不论哪种情况都涉及渣场的稳定性问题。如何能用简单实用的方法使废渣场既能保持稳定，又可防止随水土流失带来环境污染，是今后经常遇到的问题。

研究过程采用实验室试验、理论分析并与现场试验相结合的研究方式。主要研究内容有：

（1）废渣材料物理力学试验研究。材料的物理力学参数是进行边坡等岩土工程稳定分析和数值计算的基础数据。研究渣场的力学状态，首先要对渣场废渣料的成分、粒度分配、力学参数及特性进行研究。

（2）渣场边坡稳定性理论研究。对热渣"包裹"水渣的渣场路基边坡稳定性进行理论计算及临界状态理论分析，在理论上研究保持渣场路基稳定时水渣和热渣的排卸方式，计算保持渣场稳定的最小热渣厚度，从而确定热渣和水渣的极限比例。

（3）渣场极限高度研究。研究渣场高度和边坡上热渣厚度的关系，给出保持渣场稳定的极限高度，为下一步渣场平面和高程总体规划提供依据。

（4）渣场形状对稳定性影响的研究。建立三维分析模型，确定渣场边坡曲率和稳定性的关系，从而给出能够采用二维平面应变分析时的最小曲率半径。

（5）渣场稳定可靠度研究。将不确定性比较大的渣场材料参数和结构参数视为随机变量，用可靠度理论进行计算分析渣场稳定的失效概率。

（6）渣场现场堆料试验研究。根据研究结果，确定废渣排放试验方案，进行现场堆料试验。堆料长度为 50m，根据试验及火车实际运行的情况，验证确定的方案是否可靠。

最后设计出最优的排渣方案，并得出适合废渣场稳定性分析的计算方法和计算公式。

3.1.1　废渣场边坡稳定研究现状及展望

通过对相关的国内外资料的查阅、总结发现，单纯地对废渣场路基边坡的稳定性进行研究的内容并不多，尽管近年来对废渣利用的研究已经很多，但从广义的角度来讲，废渣、废石等废物的排放及其排弃堆场的稳定性是环境岩土工程中的部分研究内容。从选矿厂出来的尾矿、有色金属冶炼过程产生的废渣、炼铁和炼钢过程中产生的炉渣及钢渣、矿山开采产生的各种废石、城市固体废物等，这些固体废物在目前的技术经济条件下暂时不能被利用时，就必须选择合适的地点进行集中堆积放置。例如：矿山堆存尾矿的尾矿库、燃煤电厂的粉煤灰堆积场、城市固体废物填埋场、冶金工业废渣堆积场等。关于这些堆积场的研究都是当前的环境岩土工程的研究内容。

环境岩土工程，就目前涉及的问题来分，可以归纳为两大类：第一类是人类与自然环境之间的共同作用问题。这类问题的动因主要是自然灾变，如地震灾害、土壤退化、洪水灾害、温室效应等。这些问题通常称为大环境问题。第二类是人类的生活、生产和工程活动与环境之间的共同作用问题。它的动因主要是人类自身。例如，城市垃圾、工业生产中的废水、废液、废渣等有毒有害废弃物对生态环境的危害；工程建设活动如打桩、强夯、基坑开挖和盾构施工等对周围环境的影响；过量抽汲地下水引起的地面沉降等。有关这方面的问题，统称小环境问题。

与渣场边坡稳定性相关的环境岩土问题目前主要有尾矿库及固体废物填埋场的稳定性问题。关于这些方面的研究，在理论和实际工程中已经取得了很多成绩。因此，目前的废渣场稳定性研究可借鉴这些类似的环境岩土问题研究成果。在未来几年，就渣场边坡在环境岩土工程问题上可重点研究并解决的几个问题有：

（1）探索新的理论和方法，用于对复杂或特殊岩土体以及环境变化影响下的岩土体的性质进行评价，使结果更符合实际，并为工程建设的设计、施工等提供可靠的参数与信息。

（2）大规模工程建设区域的环境岩土工程评估问题。对于大规模工程建设，应加强区域环境岩土工程问题评估。诸如水利水电工程中水库诱发地震、岩爆、土壤盐碱化，矿业工程中废弃物堆排、开挖、地下水位下降、采空区坍塌、水土污染，交通工程中岩土开挖、弃土堆填、工程振动等引起的边坡失稳、塌方、次生泥石流等。对每个大规模工程，应在充分进行环境影响评估后，决定是否实施其设计施工方案，并进而形成工程建设的强制性先决条件。

（3）边坡稳定性及其工程防治措施研究。开展这个方向的研究主要是希望能够通过大量的工程实例调查及其理论分析，总结出一些边坡岩土体滑坡整治措施的使用条件与有效性等方面的经验，以此为其他类似的边坡危岩土体稳定性分析与滑坡整治工作提供经验的或理论的依据。此外，还希望通过该研究方向的工作，结合实践能够创造出一些新的、适用的工程技术手段，并同时给出与新方法相应的、可推广应用的设计计算理论，如锚固及土工织布加筋技术等都是一些成功的先例。应当指出，充分利用现场搅拌桩技术，加之结构工程的基本概念，推出一些新的边坡加固措施及其相应的设计计算理论，将不失为一个很有经济与社会效益的研究方向。

3.1.2　废渣场概况及材料组成

3.1.2.1　渣场概况

废渣场用于排放冶炼废渣，采用铁路运输，运输水渣车辆每节最大质量110t，运输热渣车辆每节最大质量85t。废渣用自卸式车辆翻卸至边坡自然堆积而成。在平面上由中心向外逐渐扩展排放废渣，经过20年的运营，现在已形成了全长2.8km的椭圆形渣场。渣场目前垂高约15m，坡面角34°。

渣场周围附近无建（构）筑物、村庄、河流等，见图3-9。

图3-9　渣场周边

3.1.2.2　地理环境及气象条件

废渣场位于甘肃省中部，海拔高度1500m。渣场周围为戈壁滩和腾格里沙漠，地势比较平坦，坡度在0.8%～1.2%之间。

境内南部有祁连山阻隔，南方海洋性的潮湿气流不易进入，受东、西、北三面沙漠环境地理特点和西伯利亚干寒气团的影响，属温带大陆性气候。风多、雨少、干燥，冬季空气相对湿度为51%，夏季为32%。降雨多在7月至9月，年平均降水量140～350mm，蒸发量为降雨量的10倍左右。年无霜期180天左右，土壤冻结深度0.87m。

3.1.2.3　地质概况

渣场地表为第四纪以来堆积的巨厚粗粒物质，主要为第四纪古河床砾石层及近代洪积-坡积层，深部地层为前寒武纪中的深变质岩系。

卵砾石混砂土呈褐黄色，卵砾石的成分主要为石英质砂岩、花岗岩、少量的长石石英砂岩；磨圆度较好，呈亚圆形，坚固；一般粒径为 10 ~ 80mm，最大粒径为 360mm；卵砾石的含量为 70% 左右，其间充填物主要为砂土，含少量粉黏粒；无胶结至轻微至中等钙泥质胶结；稍湿；稍密至中密。据区域地质资料，该土层厚度大于 100m。岩层走向北西、倾向南西，呈单斜层状构造。地层总体走向北 35°西，倾向南西，倾角 40° ~ 70°。渣场区无不良地质现象。

3.1.2.4 水文地质条件

金川地区雨水量稀少，附近没有满足集团公司所需要的地下水。区内基岩分布有少量裂隙潜水，平原区则为第四纪孔隙潜水，其埋深一般大于 100m。渣场范围内，地势较高，有利于大气降水的排泄。总之，区内水文地质条件简单。

3.1.2.5 材料组成

渣场的材料主要由 3 种废渣组成：水渣、热渣及少量粉煤灰。

水渣由颗粒组成，粒度主要集中在 1.2mm 左右。金川有色金属公司建设工程质量监测中心对水渣的级配、孔隙率、含水率等进行试验，试验结果见表 3 – 1。

表 3 – 1 水淬渣试验报告

工程名称	渣场路基稳定性研究		报告日期	2006 年 5 月 18 日
取样地点	渣场		试验日期	2006 年 5 月 7 日
试验项目	级配、孔隙率、含水率		试验依据	
产　地			取样人	
（1）颗粒级配	筛孔尺寸/mm 5.0 2.5 1.2 0.60 0.3 0.15 筛底	筛上质量/g 15 123 190 116 42 9 3		试样总质量500g
（2）孔隙率	松散体积密度/kg·m^{-3} 紧密体积密度/kg·m^{-3} 密度/kg·m^{-3} 空隙率/% 孔隙率/%	1990 2200 2700 10.5 18.5		
（3）含水率：4%				
检验结论				

　　热渣是由初始的熔融状态废渣倾倒在边坡上，经自然冷却后形成的层状整体。

　　粉煤灰主要由 −200 目(75μm)细颗粒组成,在中国矿业大学实验室对炉灰进行了细度、烧失量、炉灰成分的测试,结果如下:(1)样品的细度: −200 目样品的含量为 62.75% ;(2)样品的烧失量:7.51% ;(3)样品的灰成分见表 3 −2。

表 3 −2　样品的灰成分　　　　　　　(%)

成分名称	二氧化硅 (SiO_2)	三氧化二铝 (Al_2O_3)	三氧化二铁 (Fe_2O_3)	氧化钙 (CaO)	氧化镁 (MgO)	其他
含量	51.85	20.94	10.36	7.67	2.66	6.52

3.1.3　材料的物理力学性质

　　参考中华人民共和国国家标准《土工试验方法标准（GB/T 50123—1999）》和中华人民共和国国家标准《工程岩体试验方法标准（GB/T 50266—1999）》,在金属矿山高效开采与安全教育部重点实验室北京科技大学岩土力学实验室,对水渣和热渣进行了物理力学性能试验。试验内容主要包括:水渣散体密度试验、直接剪切试验、水渣天然坡角试验、有侧限压缩模量试验、热渣单轴压缩及变形试验以及热渣三轴压缩及变形试验。

　　试验工作试验结果汇总见表 3 −3、表 3 −4。

表 3 −3　矿渣（水渣）物理力学性质试验汇总表

试验 项目	天然密度 $\rho/g \cdot cm^{-3}$	黏聚力 c/kPa	内摩擦角 $\varphi/(°)$	天然坡角 （天然状态） $\alpha/(°)$	天然坡角 （水中） $\alpha_w/(°)$	压缩模量 E_s/MPa	备　注
矿渣天 然坡角	2.154			5 号:37.00	7 号:35.00		
	2.258(水)			6 号:36.50	8 号:35.00		
				36.75	35.00		
直剪	2.050	23.36	35.82				过2mm 筛
侧限 压缩	2.160					约456	$\sigma = 0 \sim 41MPa$

3.1.3.1　矿渣散体密度试验

　　仪器设备：JA31002 型电子天平；天平最大称量 3000g,感量 10mg；卡尺；环刀；烘箱等。试验方法用体积密度法。试验结果见表 3 −5。

表3－4 矿渣（热渣）物理力学性质试验汇总表

试验项目	天然密度 $\rho/g \cdot cm^{-3}$	单轴抗压强度 σ_c/MPa	弹性模量 E/GPa	泊松比 μ	黏聚力 c/kPa	内摩擦角 $\varphi/(°)$	备注
热渣单轴压缩	4.115	99.51	50.67	0.238			
热渣三轴压缩	3.749						

表3－5 矿渣散体密度、块体密度试验计算表

试验完成日期：2006 年 5 月 12 日

编号	直径 /mm	高度 /mm	质量 /g	体积 V/cm^3	天然密度 $/g \cdot cm^{-3}$	干密度 $/g \cdot cm^{-3}$	湿密度 $/g \cdot cm^{-3}$	试验项目与说明
1	49.9	23.2	98.0	45.371	2.160			压缩试样
2	49.9	23.2	98.0	45.371	2.160			压缩试样
3	49.9	23.2	98.0	45.371	2.160			压缩试样
平均					2.160			
4	49.9	21.2	98.0	41.460	2.364			压缩试样，1 号重复
5			1016.39	472.3	2.152			天然坡角（天然）
6			1020.17	472.3	2.160			天然坡角（天然）
7			1067.40	472.3			2.260	天然坡角（水中）
8			1065.51	472.3			2.256	天然坡角（水中）
9	61.8	30.0	1845.00	900.0	2.050			直剪，过2mm筛
10	61.8	30.0	1845.00	900.0	2.050			直剪，过2mm筛
11	61.8	30.0	1845.00	900.0	2.050			直剪，过2mm筛
12	61.8	30.0	1845.00	900.0	2.050			直剪，过2mm筛
平均					2.050			
21	49.30	101.54	824.15	193.83	4.252			热渣单轴压缩
22	49.51	101.59	743.45	195.58	3.801			热渣单轴压缩
23	49.30	101.40	814.69	193.56	4.209			热渣单轴压缩
24	49.20	102.56	818.17	194.98	4.196			热渣单轴压缩
平均					4.115			
25	49.72	102.69	826.81	199.38	4.147			热渣三轴压缩

续表 3 - 5

编号	直径 /mm	高度 /mm	质量 /g	体积 V/cm^3	天然密度 /g·cm^{-3}	干密度 /g·cm^{-3}	湿密度 /g·cm^{-3}	试验项目与说明
26	50.00	99.80	747.13	195.96	3.813			热渣三轴压缩
27	50.00	99.78	759.89	195.92	3.879			热渣三轴压缩
28	50.00	101.29	757.89	198.88	3.811			热渣三轴压缩
29	50.00	101.29	757.23	198.88	3.807			热渣三轴压缩
30	50.00	101.00	602.43	198.31	3.038			热渣三轴压缩
平均					3.749			

3.1.3.2 直接剪切试验

主要仪器设备：三速电动应变控制式直接剪切仪。各组试样根据试验所得不同正应力下的抗剪强度值，计算出 c、φ 值。

表 3-6 为直剪试验记录数据表，表 3-7 为试样直剪试验计算表。

表 3-6   试样直剪试验记录数据表

试验完成日期：<u>2006</u> 年 <u>5</u> 月 <u>15</u> 日　　使用仪器：SDJ-1 型三速电动应变式直接剪切仪

测力环系数：$C = 2.03$ kPa/0.01mm　　试验方法：快剪

试样编号	11 号		12 号		13 号		14 号	
垂直压力 σ/kPa	100		200		400		600	
圈数	测力环数 (0.01mm)	垂直变形 (0.01mm)	测力环数 (0.01mm)	垂直变形 (0.01mm)	测力环数 (0.01mm)	垂直变形 (0.01mm)	测力环数 (0.01mm)	垂直变形 (0.01mm)
0	0	0	0	0	0	0	0	0
1	8		14		18		18	
2	15		24		31		35	
3	20		33		43		48	
4	25		43		53		57	
5	29		53		62		66	
6	33		62		69		73	
7	35.5		67		75		79	
8	38		71		80		86	
9	40.5		74		84.5		95	
10	42		77		89		102	

试样编号	11 号		12 号		13 号		14 号	
垂直压力 σ/kPa	100		200		400		600	
圈数	测力环数 (0.01mm)	垂直变形 (0.01mm)	测力环数 (0.01mm)	垂直变形 (0.01mm)	测力环数 (0.01mm)	垂直变形 (0.01mm)	测力环数 (0.01mm)	垂直变形 (0.01mm)
11	44		81		93		110	
12	44.5		83		98		117	
13	45.5		82		102		123	
14	45		82		106		128	
15	45.5		83		109		132	
16	45		84		112		136	
17	45		84		115		140	
18	45		83		117		144	
19			83		119		147	
20			82		120		149	
21			82		120		151	
22					120		152	
23							152	
24							152	
25							152	

表 3 - 7 试样直剪试验计算表

试验完成日期：2006 年 5 月 12 日　　使用仪器：SDJ - 1 型三速电动应变式直接剪切仪

测力环系数：$C = 2.03kPa/0.01mm$　　试验方法：快剪

试样编号	11 号		12 号		13 号		14 号	
垂直压力 σ/kPa	100		200		400		600	
序号	剪切位移 /mm	剪应力 τ/kPa	剪切位移 /mm	剪应力 τ/kPa	剪切位移 /mm	剪应力 τ/kPa	剪切位移 /mm	剪应力 τ/kPa
1	0	0	0	0	0	0	0	0
2	0.120	16.24	0.060	28.42	0.020	36.54	0.020	36.54
3	0.250	30.45	0.160	48.72	0.090	62.93	0.050	71.05
4	0.400	40.60	0.270	66.99	0.170	87.29	0.120	97.44

试样编号	11 号		12 号		13 号		14 号	
垂直压力 σ/kPa	100		200		400		600	
序号	剪切位移 /mm	剪应力 τ/kPa	剪切位移 /mm	剪应力 τ/kPa	剪切位移 /mm	剪应力 τ/kPa	剪切位移 /mm	剪应力 τ/kPa
5	0.550	50.75	0.370	87.29	0.270	107.59	0.230	115.71
6	0.710	58.87	0.470	107.59	0.380	125.86	0.340	133.98
7	0.870	66.99	0.580	125.86	0.510	140.07	0.470	148.19
8	1.045	72.07	0.730	136.01	0.650	152.25	0.610	160.37
9	1.220	77.14	0.890	144.13	0.800	162.4	0.740	174.58
10	1.395	82.22	1.060	150.22	0.955	171.54	0.850	192.85
11	1.580	85.26	1.230	156.31	1.110	180.67	0.980	207.06
12	1.760	89.32	1.390	164.43	1.270	188.79	1.100	223.30
13	1.955	90.34	1.570	168.49	1.420	198.94	1.230	237.51
14	2.145	92.37	1.780	166.46	1.580	207.06	1.370	249.69
15	2.350	91.35	1.980	166.46	1.740	215.18	1.520	259.84
16	2.545	92.37	2.170	168.49	1.910	221.27	1.680	267.96
17	2.750	91.35	2.360	170.52	2.080	227.36	1.840	276.08
18	2.950	91.35	2.560	170.52	2.250	233.45	2.000	284.20
19	3.150	91.35	2.770	168.49	2.430	237.51	2.160	292.32
20			2.970	168.49	2.610	241.57	2.330	298.41
21			3.180	166.46	2.800	243.60	2.510	302.47
22			3.380	166.46	3.000	243.60	2.690	306.53
23					3.200	243.60	2.880	308.56
24							3.080	308.56
25							3.280	308.56
26							3.480	308.56
抗剪强度 τ_f/kPa	92.37		170.53		243.60		308.56	

抗剪强度参数计算：样本数 $N = 4$ 相关系数 $R = 0.999$

黏聚力 $c = 23.36$kPa   内摩擦系数 $= 0.7216$ 内摩擦角 $\varphi = 35.82°$

图 3 - 10 为矿渣的剪应力与剪切位移的关系曲线，图 3 - 11 为矿渣的抗剪强度与垂直应力的关系曲线。

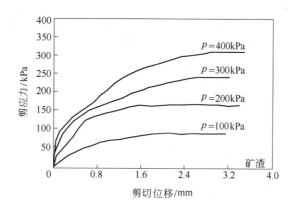

图 3 - 10 矿渣的剪应力与剪切位移的关系曲线

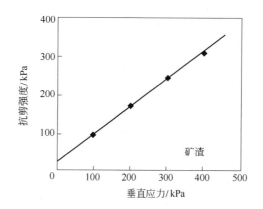

图 3 - 11 矿渣的抗剪强度与垂直应力关系曲线

3.1.3.3 矿渣天然坡角试验（天然状态、水中）

主要仪器设备：QR - 1 天然坡度仪。天然状态和水中的矿渣天然坡角试验结果见表 3 - 3 ~ 表 3 - 5。

3.1.3.4 矿渣有侧限压缩模量试验

主要仪器设备：WEP - 600 微机控制屏显万能试验机，侧限模具等。

试验结果见表 3 - 8，压缩应力 - 应变曲线见图 3 - 12 ~ 图 3 - 15。

表3－8 试样侧限压缩试验记录表

试验完成日期:2006 年 5 月 12 日   使用仪器:WEP － 600 微机控制屏显万能试验机;侧限模具

试样编号 $D = 49.90$mm			1 号 $H = 23.20$mm			2 号 $H = 23.20$mm		
序号	载荷 p/kN	垂直压力 σ/kPa	轴向变形 $\sum \Lambda h_i$ /mm	单位沉降量差 $S_{i+1} - S_i$ /mm·m^{-1}	压缩模量 E_s/MPa	轴向变形 $\sum \Lambda h_i$ /mm	单位沉降量差 $S_{i+1} - S_i$ /mm·m^{-1}	压缩模量 E_s/MPa
1	0	0	0			0		
2	5	2557	1.003	43.2	59.1	0.966	41.6	61.4
3	10	5113	1.780	33.5	76.3	1.750	33.8	75.7
4	15	7670	2.372	25.5	100.2	2.350	25.9	98.9
5	20	10227	2.815	19.1	133.9	2.800	19.4	131.8
6	25	12783	3.276	19.9	128.7	3.246	19.2	133.0
7	30	15340	3.680	17.4	146.8	3.668	18.2	140.6
8	40	20454	4.252	24.7	207.4	4.232	24.3	210.3
9	50	25567	4.775	22.5	226.8	4.750	22.3	229.0
10	60	30680	5.100	14.0	365.0	5.076	14.1	363.9
11	70	35794	5.390	12.5	409.1	5.380	13.1	390.2
12	80	40907	5.665	11.9	431.4	5.651	11.7	437.8

试样编号 $D = 49.90$mm			3 号 $H = 23.20$mm			4 号 $H = 21.20$mm		
序号	载荷 p/kN	垂直压力 σ/kPa	轴向变形 $\sum \Lambda h_i$ /mm	单位沉降量差 $S_{i+1} - S_i$ /mm·m^{-1}	压缩模量 E_s/MPa	轴向变形 $\sum \Lambda h_i$ /mm	单位沉降量差 $S_{i+1} - S_i$ /mm·m^{-1}	压缩模量 E_s/MPa
1	0	0	0			0		
2	5	2557	0.980	42.2	60.5	0.362	17.1	149.7
3	10	5113	1.746	33.0	77.4	0.894	25.1	101.9
4	15	7670	2.300	23.9	107.1	1.341	21.1	121.3
5	20	10227	2.800	21.6	118.6	1.700	16.9	151.0
6	25	12783	3.259	19.8	129.2	2.002	14.2	179.5
7	30	15340	3.642	16.5	154.9	2.257	12.0	212.6
8	40	20454	4.240	25.8	198.4	2.685	20.2	253.3
9	50	25567	4.686	19.2	266.0	3.067	18.0	283.8
10	60	30680	5.087	17.3	295.8	3.366	14.1	362.6
11	70	35794	5.364	11.9	428.3	3.580	10.1	506.6
12	80	40907	5.602	10.3	498.4	3.776	9.2	553.1

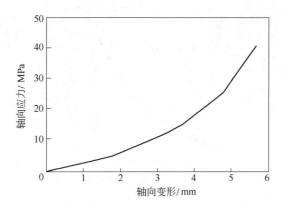

图 3 – 12　1 号矿渣的轴向应力与轴向变形的关系曲线

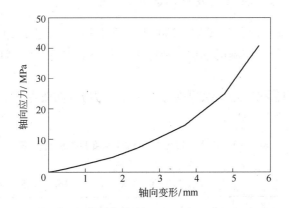

图 3 – 13　2 号矿渣的轴向应力与轴向变形的关系曲线

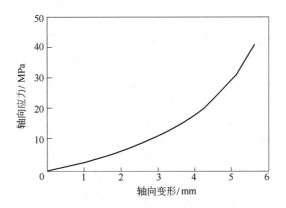

图 3 – 14　3 号矿渣的轴向应力与轴向变形的关系曲线

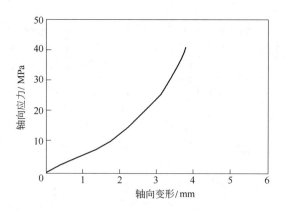

图 3 – 15　4 号矿渣的轴向应力与轴向变形的关系曲线

3.1.3.5　热渣单轴压缩及变形试验

主要设备：加载设备为 YTD – 200 型电子式压力试验机；记录设备：100t 压力传感器，7V14 程序控制记录仪；数据处理设备：开天 4600 计算机及绘图机，打印机。

热渣单轴压缩及变形试验结果见表 3 – 9,应力应变曲线见图 3 – 16 ~ 图 3 – 18,应力应变数据见表 3 – 10。

表 3 – 9　矿渣（热渣）单轴压缩变形试验计算表

工程名称＿＿＿＿＿＿＿＿＿　　含水状态　天然
采样地点＿＿＿＿＿＿＿＿＿　　试验日期　2006 年 5 月 16 日至 5 月 20 日

试验编号	直径 D/mm	高度 H/mm	天然密度 ρ/g·cm^{-3}	单轴抗压强度 σ_c/MPa	弹性模量 E/GPa	泊松比 μ	备注
21	49.30	101.54	4.252	102.68	47.47	0.218	
22	49.51	101.59	3.801	90.10	58.96	0.245	
23	49.30	101.40	4.209	105.76	45.59	0.249	
均值				99.51	50.67	0.238	

试验＿＿＿＿＿＿＿　　计算＿＿＿＿＿＿＿　　校核＿＿＿＿＿＿＿

表 3 – 10　单轴压缩应力应变数据表

序号	21 号			22 号			23 号		
	轴向应力 σ/MPa	轴向应变 ε_h	径向应变 ε_d	轴向应力 σ/MPa	轴向应变 ε_h	径向应变 ε_d	轴向应力 σ/MPa	轴向应变 ε_h	径向应变 ε_d
1	0.00	0	0	0.00	0	0	0.00	0	0

续表 3－10

序号	21 号			22 号			23 号		
	轴向应力 σ/MPa	轴向应变 ε_h	径向应变 ε_d	轴向应力 σ/MPa	轴向应变 ε_h	径向应变 ε_d	轴向应力 σ/MPa	轴向应变 ε_h	径向应变 ε_d
2	5.13	134×10^{-6}	-24×10^{-6}	5.09	50×10^{-6}	-19×10^{-6}	5.09	110×10^{-6}	-28×10^{-6}
3	10.27	254×10^{-6}	-44×10^{-6}	10.18	113×10^{-6}	-42×10^{-6}	10.18	219×10^{-6}	-43×10^{-6}
4	15.40	376×10^{-6}	-76×10^{-6}	15.27	205×10^{-6}	-65×10^{-6}	15.27	342×10^{-6}	-70×10^{-6}
5	20.54	497×10^{-6}	-101×10^{-6}	20.36	296×10^{-6}	-85×10^{-6}	20.36	469×10^{-6}	-96×10^{-6}
6	25.67	609×10^{-6}	-124×10^{-6}	25.45	384×10^{-6}	-104×10^{-6}	25.45	587×10^{-6}	-120×10^{-6}
7	30.80	721×10^{-6}	-150×10^{-6}	30.54	473×10^{-6}	-126×10^{-6}	30.54	707×10^{-6}	-148×10^{-6}
8	35.94	828×10^{-6}	-182×10^{-6}	35.63	572×10^{-6}	-149×10^{-6}	35.63	814×10^{-6}	-175×10^{-6}
9	41.07	926×10^{-6}	-201×10^{-6}	40.72	677×10^{-6}	-172×10^{-6}	40.72	923×10^{-6}	-203×10^{-6}
10	46.20	1028×10^{-6}	-220×10^{-6}	45.81	777×10^{-6}	-191×10^{-6}	45.81	1025×10^{-6}	-234×10^{-6}
11	51.34	1140×10^{-6}	-245×10^{-6}	50.90	884×10^{-6}	-215×10^{-6}	50.90	1136×10^{-6}	-272×10^{-6}
12	56.47	1214×10^{-6}	-268×10^{-6}	55.99	995×10^{-6}	-242×10^{-6}	55.99	1228×10^{-6}	-306×10^{-6}
13	61.61	1298×10^{-6}	-283×10^{-6}	61.08	1192×10^{-6}	-277×10^{-6}	61.08	1321×10^{-6}	-355×10^{-6}
14	66.74	1403×10^{-6}	-308×10^{-6}	66.18	1525×10^{-6}	-310×10^{-6}	66.18	1432×10^{-6}	-389×10^{-6}
15	71.87	1511×10^{-6}	-329×10^{-6}	71.27	1845×10^{-6}	-350×10^{-6}	71.27	1526×10^{-6}	-433×10^{-6}
16	77.01	1607×10^{-6}	-362×10^{-6}	76.36	2093×10^{-6}	-374×10^{-6}	76.36	1627×10^{-6}	-492×10^{-6}
17	82.14	1697×10^{-6}	-398×10^{-6}	81.45	2415×10^{-6}	-400×10^{-6}	78.90	1698×10^{-6}	-515×10^{-6}
18	87.28	1791×10^{-6}	-427×10^{-6}	86.54	2784×10^{-6}	-521×10^{-6}	81.45	1735×10^{-6}	-556×10^{-6}
19	92.41	1908×10^{-6}	-480×10^{-6}	90.10	3131×10^{-6}	-862×10^{-6}	86.54	1814×10^{-6}	-642×10^{-6}
20	97.54	2010×10^{-6}	-535×10^{-6}				92.41	1921×10^{-6}	-752×10^{-6}
21	102.68	2142×10^{-6}	-800×10^{-6}				97.54	2010×10^{-6}	-875×10^{-6}
22	92.41	2431×10^{-6}	-1178×10^{-6}				102.68	2131×10^{-6}	-1100×10^{-6}
23							105.76	2236×10^{-6}	-1456×10^{-6}
24									
25									
26									
27									
28									

$$\sigma = p/A \qquad E = \sigma(50)/\varepsilon_h(50) \qquad \mu = \varepsilon_d(50)/\varepsilon_h(50)$$

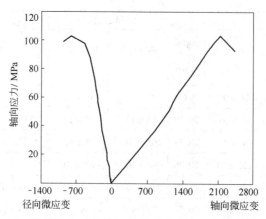

图 3 - 16　21 号矿渣（热渣）单轴压缩应力 - 应变关系曲线图

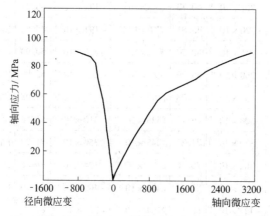

图 3 - 17　22 号矿渣（热渣）单轴压缩应力 - 应变关系曲线图

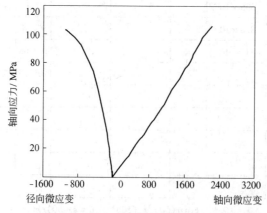

图 3 - 18　23 号矿渣（热渣）单轴压缩应力 - 应变关系曲线图

3.1.3.6 热渣三轴压缩及变形试验

主要设备：加载设备为 TYS - 500 型岩石三轴应力试验机；记录设备：100t 压力传感器，7V14 程序控制记录仪；数据处理设备：开天 4600 计算机及相应的绘图机，打印机。

围压等级设定：委托方要求围压等级按 0MPa、5MPa、10MPa、15MPa、20MPa 分为 5 级。

试验结果整理:岩石三轴压缩试验数据及岩石抗剪强度参数 c、φ 值的计算结果见表 3 - 11;岩石 σ_1 与 σ_3 的关系曲线见图 3 - 19;岩石强度包络线图见图3 - 20。

表 3 - 11 矿渣（热渣）三轴压缩试验计算表

工程名称＿＿＿＿＿＿＿＿＿＿　　　　含水状态　自然干燥

采样地点＿＿＿＿＿＿＿＿＿＿　　　　试验完成日期　2006 年 7 月 1 日

试件编号	直径 D/mm	高度 H/mm	天然密度 ρ/g·cm^{-3}	围压 σ_3/MPa	破坏载荷 p/kN	轴向破坏应力 σ_1/MPa	备注
20				0		102.68	
21				0		90.10	
22				0		105.76	
σ_c 均值						99.51	
25	49.72	102.69	4.147	5	340	175.12	
26	50.00	99.80	3.813	10	475	241.92	
29	50.00	101.29	3.807	10	400	203.72	
平均值						222.82	
27	50.00	99.78	3.879	15	435	221.54	
28	50.00	101.29	3.811	20	646	329.01	
30	50.30	101.00	3.038	20	410	206.33	
平均值						267.67	
抗剪强度指标计算：		$\sigma_1 = \sigma_0 + k\sigma_3$				$\tau = c + \sigma\tan\varphi$	
样本数 $N = 5$		$\sigma_0 = 120.78$MPa				$k = 7.656$	
相关系数 $r = 0.949$		内聚力 $c = 21.82$MPa				内摩擦角 $\varphi = 50.26°$	

试验＿＿＿＿＿＿＿　　　　计算＿＿＿＿＿＿＿　　　　校核＿＿＿＿＿＿＿

3.1.3.7 试验结果分析

经过现场的取样分析及实验室试验，分别进行了密度试验、直接剪切试验、休止角试验、侧限压缩试验以及热渣单轴和三轴压缩试验，得到了渣场组成成分

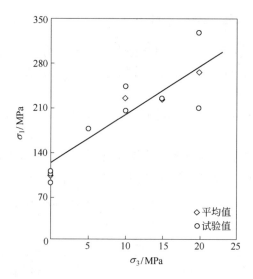

图 3-19　矿渣（热渣）$\sigma_1 - \sigma_3$ 关系曲线图

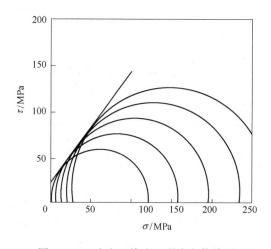

图 3-20　矿渣（热渣）强度包络线图

的物理力学性质。通过试验总结出：

（1）从渣场地基的现场地质资料可以看出，渣场地质条件与水文条件简单。大气降水较少，且从地形上来说有利于大气降水的排泄。

（2）水渣和热渣的密度及力学性质差别较大，水渣的密度小，黏聚力和内摩擦角都小于热渣。

（3）水渣的粒度适中，属砂粒组，粒度分配较均匀，含水量小。热渣形成的块体内部有裂缝和气孔。

（4）水渣与热渣的强度包络线基本为直线，基本满足公式：$\tau = c + \sigma \cdot \tan\varphi$ 的线性关系。

（5）水渣的内摩擦角与自然休止角很接近，约 35°；且与现场边坡角较为接近。水对热渣自然休止角的影响不大。

通过一系列试验和调查，得到了渣场基本资料，为下一步分析计算提供了依据。

3.1.4 渣场边坡主要工程措施

对于某些边坡，其稳定安全系数不能达到要求时，就需要采取工程措施提高安全系数，以满足安全运行的需要。通常，保证边坡稳定所采取的措施包括内部加固措施、外部加固措施以及混合加固措施。具体有以下几种：

（1）支挡结构加固：支挡结构指抗滑桩、抗剪洞、锚固洞以及各种形式的挡土墙。抗滑桩提供较大的抗滑能力，但施工复杂、施工难度大。挡土墙的支挡能力相对较小，通常边坡高度较低时使用，一般不用于高边坡中，否则工程量会大大增加。

（2）减载和压坡：削头和压坡是提高边坡稳定性最经济也是最有效的手段，如果能将上部减载的土料压到坡趾，则是更佳的选择。

（3）排水工程：排水对提高边坡稳定性具有重要作用。降低地下水位可以大幅度提高边坡的安全系数，而工程投资要比抗滑桩、预应力锚索低。

（4）土工布加固边坡：是指在土体中铺设土工布的加固方法。土工布通常指用于土建工程中的纺织品，它具有良好的化学物理性能和水工性能，广泛用于许多岩土工程中，被称为是继钢材、水泥、木材之后的第四大新型建筑材料。在同等设计标准下，使用土工布可使工程造价降低，经济效益十分显著。

（5）土钉支护技术：土钉技术首先在欧洲使用，我国从 20 世纪 90 年代开始独立对其进行开发和研究。土钉技术被证实是一种经济效益可观的技术，近年来发展很快。土钉、原状土体与面板相结合，形成一个复合结构，可以充分利用土的自支撑能力，使土体整体抗剪强度提高、位移减小，起到加固、支挡和稳定作用。另外，土钉支护结构具有良好的延性破坏特性。

（6）锚固技术：锚固技术在边坡加固中的应用已经越来越多，越来越成熟。锚固技术加固可靠、工艺简单、施工速度较快，在大型边坡工程中得到广泛应用。

（7）组合型加固措施：在一些边坡加固过程中，单一的加固方法可能效果并不好，或者是经济效益并不好。采取一些加固方式的组合可以大大改善加固效果。

3.2　废渣场边坡平面形状三维分析研究

3.2.1　边坡三维分析意义

　　边坡稳定性除了受材料力学性质、水文条件、载荷大小等因素影响外，还与边坡的几何形状有关。渣场边坡的流动特性决定了边坡由于处于不断的变化中，其结构的几何参数也处于不断变化之中。因此，首先研究其空间的几何形状与渣场变形的关系，从而确定边坡分析应采取的方法。

　　如果边坡的平面形状是凹形的，如图3-21a所示，边坡受两侧岩土体的挤压作用，下滑阻力大，拉应力小，边坡稳定性较好。反之，如果形状如图3-21b所示，则边坡稳定性较差。当前对凹陷型边坡平面形状对稳定性的影响研究较多，例如在露天矿中，边坡平面曲率变大，有利于边坡稳定，因而边坡角可适当增大，以减少边坡的剥离量，降低剥采比，提高效益。相反地，对凸出型边坡平面形状对稳定性的影响研究较少。而实际上，在有些情况下，与凹陷型的边坡类似，向外凸出型边坡的平面形状对稳定性的不利影响也是应该加以考虑的。在边坡工程中，目前的稳定性分析仍以二维稳定性分析居多，即将边坡作为平面应变问题来进行分析研究。但是在实际工程中，绝对的平面应变问题是不存在的，例如：边坡或隧道并不是无限长的，边坡的高度也不一定是完全不变的，并且也不一定是平直的边坡或隧道。只是在某些情况下，把一些三维空间问题可近似地作为平面应变问题处理。在边坡的长度很长，长度与高度比值很大时，或边坡的曲率半径很大时，这种近似处理引起的误差较小；反之，计算的误差就会比较大。这样就要在用二维平面应变进行边坡分析前，预先估计一下误差的大小，在误差较小时可采用平面应变分析方法近似代替三维分析方法。

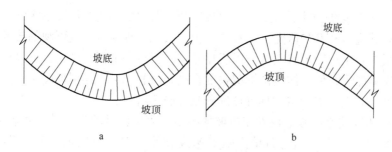

图3-21　边坡平面形状

　　在边坡分析计算中，如图3-21a所示的凹陷边坡对坡体稳定性的影响，一些资料研究得较多。将它近似作为平面应变问题来进行研究时，其结果要偏于保守。而对如图 3 – 21b 所示的凸形边坡对稳定性的影响很少有研究，实际上将这种凸形的边坡用平面应变方法进行近似处理时，其计算结果是偏于危险的，计算的承载力要略微小于实际承载力。因此，为了安全，应该先进行边坡的三维分析，确定边坡的形状对计算结果的影响大小，在边坡的曲率半径足够大，曲线段和直线段的边坡变形相差足够小的情况下，再采用平面应变问题分析方法进行分析计算。对于本课题中的渣场，经过多年运行目前已经形成了一个由中心向外逐渐扩展的环形渣场，整个渣场的形状是向外凸出的。对此，我们有必要先采用 FLAC 3D 进行三维分析，以确定能否用二维来近似地进行边坡分析计算。

3.2.2 三维模型建立

FLAC 3D（Fast Lagrangian Analysis of Continua in 3 Dimensions）是美国 Itasca Consulting Group，Inc. 开发的连续介质三维快速拉格朗日法分析软件。连续介质拉格朗日数值分析方法是岩土体力学行为分析的有力方法，随着 FLAC 3D 的发展，该方法越来越受到人们的重视，并被大量应用于工程问题的计算分析。FLAC 程序自 1986 年问世后，经不断改版，已经日趋完善。前国际岩石力学学会主席 C. Fairhurst 评价它："现在它是国际上广泛应用的可靠程序"（1994 年）。FLAC 是有限差分数值计算程序，主要适用于地质和岩土工程的力学分析。FLAC 3D 是 FLAC 二维计算程序在三维空间的扩展，用于模拟三维土体、岩体或其他材料体的力学特征，尤其是达到屈服极限时的塑性流变特性，广泛应用于边坡稳定性评价、支护设计及评价、地下洞室、施工设计（开挖、填筑等）、河谷演化进程再现、拱坝稳定分析、隧道工程、矿山工程等多个领域。

渣场三维模型建立采用一段三维的平直边坡和一段曲线边坡，来模拟渣场的平面形状与渣场变形的关系。目前渣场的垂高为 15m。为避免曲线段变形对直线段的影响，直线段要取足够长，取 300m；分别建立坡顶部平面半径为 20m、30m、40m、50m、60m、70m、80m、90m、100m、110m、120m 和 130m 的模型，模型形状如图 3 – 22 所示。模型在四周边界平面上限制法向位移，在底部边界平面上限制竖直位移。力学参数取为：密度 $d = 2200\text{kg/m}^3$、体积模量 $b = 58.3\text{MPa}$、剪切模量 $s = 26.9\text{MPa}$、内摩擦角 $\varphi = 34°$。采用莫尔 – 库仑模型，分别对不同的坡顶部半径进行模拟分析，比较水平面为直线段的边坡附近和水平面为曲线段的边坡附近的变形关系。

3.2.3 边坡曲率半径的影响

按照不同的平面曲率半径进行模拟，在直线段和曲线段边坡设置历史记

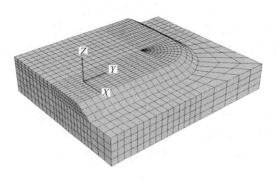

图 3 - 22　三维模型图

录点，记录其位移和下沉量，比较直线段位移和下沉量与曲线段位移和下沉量的不同。对于不同半径的曲线边坡，求其直线段位移和曲线段位移的相对差，即求位移差的绝对值除以位移量的百分数；同理求直线段下沉量和曲线段下沉量的相对差，结果列于表 3 - 12 中。不同半径的边坡模拟结果见图 3 - 23、图 3 - 24。

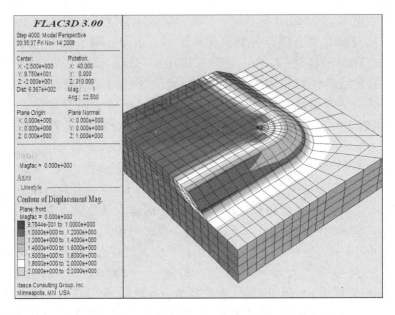

图 3 - 23　上部平面半径为 30m 的渣场位移等值线图

由图 3 - 23 ~ 图 3 - 26 可以看出，当渣场上水平面曲线半径为 30m 时，直线段和曲线段在边坡附近变形情况差别较大。位移相对差在 25% 以上，下沉值相对差达到 26%。

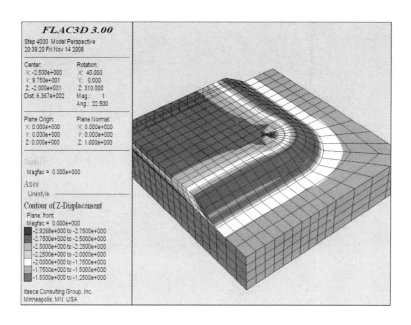

图 3 - 24　上部平面半径为 30m 的渣场下沉等值线图

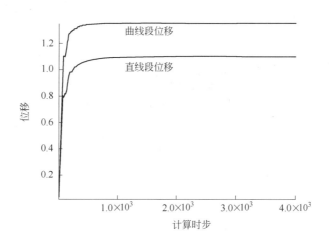

图 3 - 25　上部平面半径为 30m 的渣场直线段和曲线段位移

由图 3 - 27 ~ 图 3 - 30 可以看出，在上部水平面曲线半径为 60m 时，渣场直线段和曲线段在边坡附近变形情况差别已经较小。位移相对差不到 6% ，下沉值相对差为 6.6% 。

将坡顶半径逐步增大，进一步模拟计算，将模拟计算列于表 3 - 12 中。

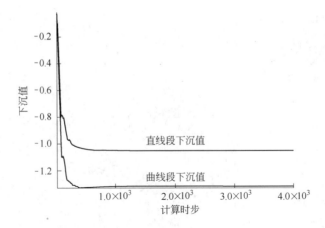

图 3 - 26　上部平面半径为 30m 的渣场直线段和曲线段下沉值

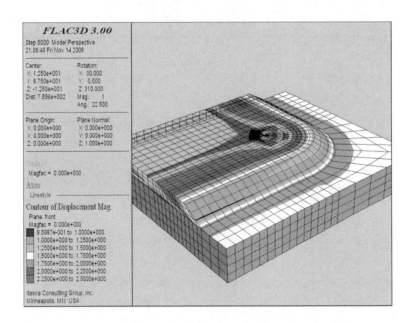

图 3 - 27　上部平面半径为 60m 的渣场位移等值线图

表 3 - 12　渣场顶部不同半径的位移及下沉值相对差

边坡顶部半径/m	20	30	40	50	60	70	80	90	100	110	120	130
位移相对差/%	30.0	19.2	10.3	10.1	5.9	3.1	2.8	2.8	2.8	2.3	1.7	1.4
下沉相对差/%	30.6	21.2	11.0	9.4	6.6	3.3	3.2	3.1	3.1	2.0	0	0

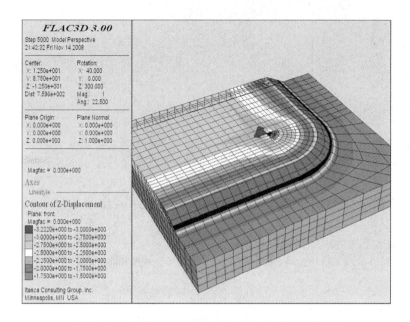

图 3 – 28　上部平面半径为 60m 的渣场下沉等值线图

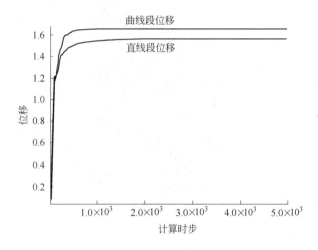

图 3 – 29　上部平面半径为 60m 的渣场直线段和曲线段位移

由图 3 – 31 ~ 图 3 – 34 可以看出，渣场上部水平面曲线半径为 100m 时，直线段和曲线段在边坡附近变形情况差别很小。位移相对差为 2.8%，下沉值相对差为 3.1%。

根据表 3 – 12 数据，绘制位移差 – 坡顶半径关系曲线图，以及下沉差 – 坡顶半径关系曲线图，如图 3 – 35、图 3 – 36 所示。可以看出，随着坡顶平面半径的

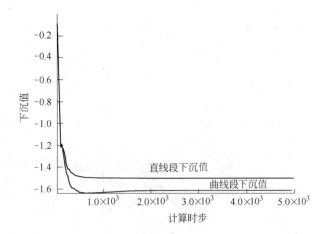

图 3 - 30　上部平面半径为 60m 的渣场直线段和曲线段下沉值

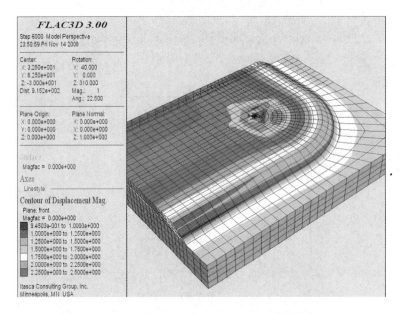

图 3 - 31　上部平面半径为 100m 的渣场位移等值线图

增大，它们变形的差别越来越小。在坡顶平面直径达到 64m 时，坡顶直线段和曲线段的变形差小于 5% 。在工程上我们一般认为小于 5% 的误差是工程上允许的，所以在坡顶半径大于 64m 时，我们可以用二维的平面应变解答近似代替三维解。本课题研究的渣场顶部平面的半径大部分在 150m 以上，因此可以用平面应变问题来进行求解。

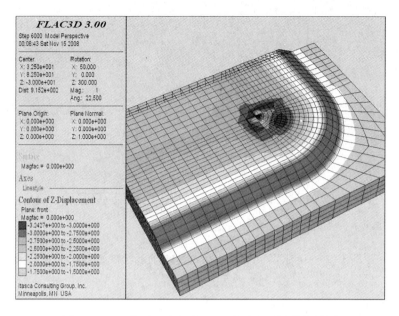

图 3 – 32 上部平面半径为 100m 的渣场下沉等值线图

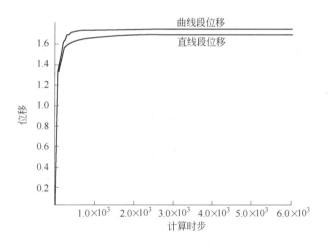

图 3 – 33 上部平面半径为 100m 的渣场直线段和曲线段位移

3.2.4 边坡高度的影响

对于这种散体自然堆积形成的边坡，其坡面角与介质的内摩擦角比较接近。相同的介质其内摩擦角相同，则坡面角也相同，而与坡面的高度关系不大。所以，在坡面角不变的情况下，将边坡垂直高度增加到 25m 和 35m 建立模型，进行模拟。

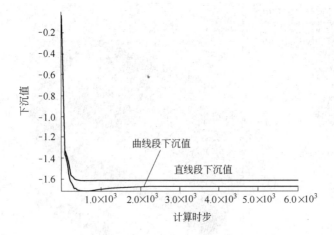

图 3 – 34　上部平面半径为 100m 的渣场直线段和曲线段下沉值

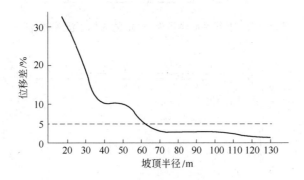

图 3 – 35　位移差和坡顶半径的关系曲线

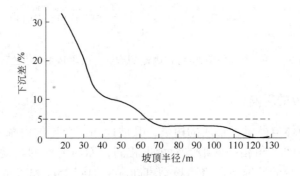

图 3 – 36　下沉差和坡顶半径的关系曲线

模拟结果见图 3-37~图 3-40。

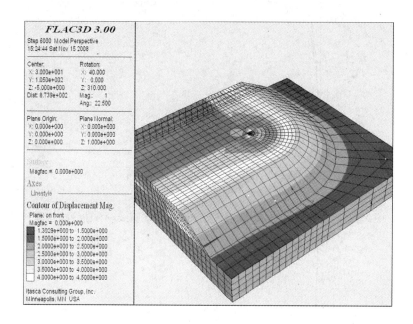

图 3-37　边坡垂高 35m、坡顶半径 70m 的渣场位移等值线图

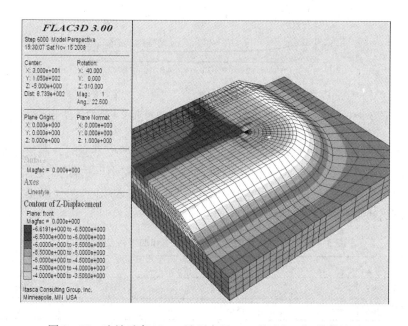

图 3-38　边坡垂高 35m、坡顶半径 70m 的渣场下沉等值线图

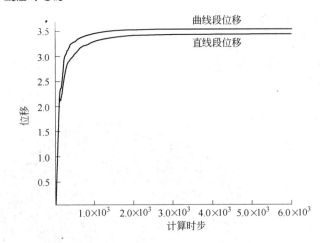

图 3－39 边坡垂高 35m、坡顶半径 70m 的渣场直线段和曲线段位移

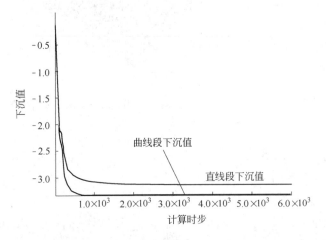

图 3－40 边坡垂高 35m、坡顶半径 70m 的渣场直线段和曲线段下沉值

从上面的模拟结果可以看出，在坡顶部平面曲线半径不变时，高度增加对渣场变形的影响甚微，其直线段和曲线段的变形差别较小。边坡高度在 35m 时，位移相对差为 3.0%，下沉相对差为 5.7%。表 3－13 列出了在顶部半径为 70m 时不同垂高渣场直线段和曲线段变形差别比较。

表 3－13 不同高度时渣场的直线段和曲线段变形比较

渣场垂高/m	15	25	35
位移相对差/%	3.1	3.1	3.0
下沉相对差/%	3.3	4.9	5.6

注：坡顶曲线半径 70m。

3.2.5　结论

渣场边坡的空间三维形状对边坡变形有一定影响，为了揭示边坡平面形状对边坡变形的影响，主要采用 FLAC 3D 数值计算软件对边坡进行三维模拟计算。通过三维模拟，确定了曲率对变形影响的具体关系，找出了能够用平面应变问题近似代替三维边坡分析的最小曲率半径。

（1）平面上向外凸出的边坡其变形量要比直线形边坡变形量大，并随着坡顶曲线曲率的增大而增大，随着曲率减小而逐渐减小。

（2）对于本节中的渣场边坡，在坡顶曲线半径大于 64m 时，曲线段对边坡变形的影响很小，其误差小于 5%，可用平面分析近似替代三维分析。

（3）在坡顶曲线曲率较大时，曲线段边坡变形显著增大，这时用平面分析代替三维分析会产生较大误差。

（4）在边坡材料相同时，边坡曲线段的变形主要与坡顶曲线的曲率有关，而边坡的高度对其变形影响甚微。

3.3　废渣场边坡支护结构载荷

当前的渣场坡顶半径都在 180m 以上，因此可以用二维平面应变问题分析方法进行研究。根据渣场的流动特性，针对剖面几何形状及受力状况不断变化的特点建立二维力学模型，综合考虑渣场边坡的结构参数及力学参数，并进行稳定性研究。

3.3.1　土压力计算

热渣冷却后形成的护坡体可看做倾角较小的挡土墙，应按照戈卢什克维奇土压力计算研究。

根据戈卢什克维奇（С. С. Голушкевич）提出倒坡挡土墙土压力理论，在靠近填土顶面的区域内产生最小应力状态，在靠近墙面的区域内产生最大应力状态；墙背面填土处于主动平衡状态，土中布满两组特征线，形成滑动线网，填土处于连续的极限应力状态，即满足下式：

$$\frac{\sigma_1 - \sigma_3}{2\sin\varphi} = \frac{1}{2}(\sigma_1 + \sigma_3) + c\cot\varphi \qquad (3-1)$$

这样，墙背面填土中形成三个平衡区。墙背滑裂体由主动滑动区 AEF、过渡区 ACE 和被动滑动区 ABC 三部分组成，如图 3 - 41 所示。滑动面 BC 及滑动面 EF 为一平面，滑动面 CE 为一曲面。中间段滑动面 CE 的几何形式为对数螺旋线形。

考虑到渣场边坡的流动特征，其各个结构参数在不断变化之中。因此，必须

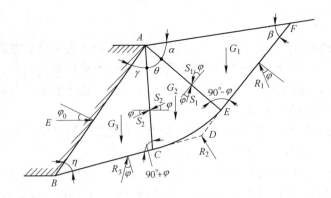

图 3 – 41　墙背填土滑裂体及其作用力

将边坡的平面半径、上部载荷形式、坡顶倾角等变化因素作为变量，考虑到土压力计算中，在倒坡挡土墙理论基础上推导土压力计算公式。

　　根据滑裂体上作用力的平衡条件，可绘制出作用力的闭合多边形。在图解法的基础上，进一步分析计算求得墙上土压力计算的解析解，并据此推导出土压力沿墙高的分布及确定土压力作用点的位置。

　　由应力圆中的分析可得出土体中滑裂面的方向：

$$\beta = \frac{1}{2}\left(\frac{\pi}{2} + \varphi - \delta - \Delta \right) \tag{3 – 2}$$

$$\alpha = \frac{1}{2}\left(\frac{\pi}{2} + \varphi + \delta + \Delta \right) \tag{3 – 3}$$

$$\gamma = \frac{1}{2}\left(\frac{\pi}{2} - \varphi + \delta - \Delta \right) \tag{3 – 4}$$

$$\eta = \frac{1}{2}\left(\frac{\pi}{2} - \varphi - \delta + \Delta \right) \tag{3 – 5}$$

$$\Delta = \arcsin\left(\frac{\sin\delta}{\sin\varphi} \right)$$

式中　α, β——AE 面和 EF 面与填土表面 AF 之间夹角；

　　　γ, η——AC 面和 BC 面与墙面 AB 之间的夹角；

　　　φ ——土的内摩擦角；

　　　δ——填土表面与水平线的夹角。本节中，上部坡顶倾角较小，一般 $\delta < 10°$。

　　滑移面 CE 段的对数方程为：

$$r = r_0 \cdot \exp(-\rho\tan\varphi) \tag{3 – 6}$$

式中　r——螺旋线上点的半径；

r_0——螺旋线起始点处的计算半径；

ρ——螺旋线上点的半径与初始点半径的夹角。

根据图 3-41 的几何关系，可以得出各滑动区的质量 m_1、m_2、m_3 为：

$$m_1 = \frac{1}{2}\gamma_s H^2 \frac{\sin^2\eta}{\cos^2\zeta\cos^2\varphi}\left(\frac{1}{2}\sin2\alpha + \sin^2\alpha\cot\beta\right) \cdot \exp(-2\theta\tan\varphi) \quad (3-7)$$

$$m_2 = \gamma_s \frac{H^2}{4\tan\varphi} \cdot \frac{\sin^2\eta}{\cos^2\varphi}\left[1 - \exp(-2\theta\tan\varphi)\right] \quad (3-8)$$

$$m_3 = \frac{1}{2}\gamma_s H^2 \frac{\sin\eta\sin\gamma}{\cos^2\zeta\cos\varphi} \quad (3-9)$$

式中　H——挡土墙的高度，m；

　　　γ_s——土的重度，kN/m^3。

在填土表面，除了作用车辆及路基传递的载荷为 P 外，还应有水平载荷 T。其水平载荷 T 主要来自于车辆在坡顶曲线运行时产生的离心力 T，方向水平向外。

针对渣场各参数的变化特征建立新的受力模型，并对土压力计算公式进行推导。这样，图 3-41 的受力模型就成为如图 3-42 所示的形式。

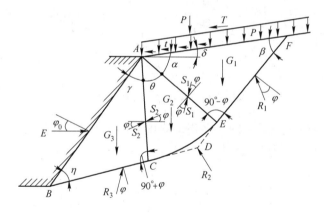

图 3-42　墙背填土滑裂体及其作用力

坡顶的车辆及路基载荷为 P，其计算公式为：

$$P = pH \frac{\sin\eta}{\cos\zeta\cos\varphi}(\cos\alpha + \sin\alpha\cot\beta) \cdot \exp(-\theta\tan\varphi) \quad (3-10)$$

式中，p 为填土表面的均布荷载，kN/m^2。

滑动区 AEF、滑动区 ABC、滑动区 ACE 上各作用力的方向如图 3-43 所示。根据图中的几何关系可得出：

$$\xi_1 = \text{arccot}\left[\frac{\exp(\theta\tan\varphi)}{\sin\theta} - \cot\theta\right] \quad (3-11)$$

$$\xi_2 = 180° - (\theta + \xi_1) \quad (3-12)$$

$$\theta = \varphi - \alpha - \gamma \tag{3-13}$$

式中　ξ_1——AD 线与 DE 线间的夹角;

　　　ξ_2——AD 线与 DC 线间的夹角;

　　　φ——墙 AB 与填土表面 AF 之间的夹角, $\varphi = 90° + \zeta + \delta$;

　　　ζ——墙面 AB 与垂直线的夹角。

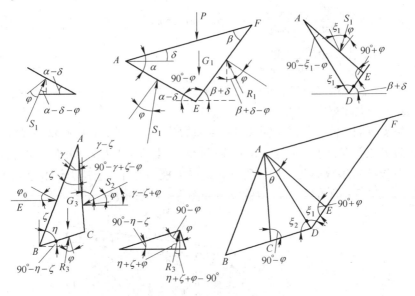

图 3-43　各作用力及角度关系

根据图 3-42 及图 3-43 中各滑动区中的作用力及其作用方向, 可绘制成如图 3-44 所示的作用力多边形图。

首先计算 S_1 可得:

$$S_1 = \frac{(G_1 + P)\sin(\beta + \delta - \varphi) + T\cos(\beta + \delta - \varphi)}{\sin(\alpha + \beta - 2\varphi)} \tag{3-14}$$

$$\overline{ch} = G_2 \frac{\sin(\xi_1 + \beta + \delta - 90°)}{\sin(\xi_1 + \beta + \delta - \gamma + \zeta - \varphi)} \tag{3-15}$$

$$\overline{hf} = \frac{(G_1 + P)\sin(\beta + \delta - \varphi)\sin\xi_1 + T\cos(\beta + \delta - \varphi)\sin\xi_1}{\sin(\alpha + \beta - 2\varphi)\sin(\xi_1 + \beta + \delta - \gamma + \zeta - \varphi)} \tag{3-16}$$

由式 (3-15) 及式 (3-16) 得到:

$$S_2 = \frac{1}{\sin(\xi_1 + \beta + \delta - \gamma + \zeta - \varphi)} \times$$

$$\left[\frac{(G_1 + P)\sin(\beta + \delta - \varphi)\sin\xi_1 + T\cos(\beta + \delta - \varphi)\sin\xi_1}{\sin(\alpha + \beta - 2\varphi)} + G_2\sin(\xi_1 + \beta + \delta - 90°) \right]$$

$$\tag{3-17}$$

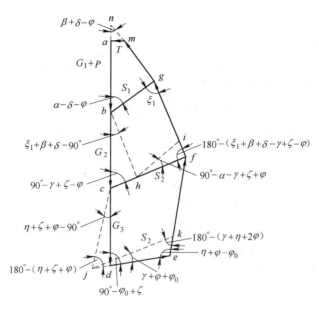

图 3-44 滑动体上的作用力多边形

进一步，根据几何关系有：

$$\overline{dj} = G_3 \frac{\sin(\eta + \zeta + \varphi - 90°)}{\sin(\eta + \varphi + \varphi_0)} \tag{3-18}$$

$$\overline{je} = S_2 \frac{\sin(\eta + \gamma + 2\varphi)}{\sin(\eta + \varphi - \varphi_0)} \tag{3-19}$$

从而由上两式整理后可知，墙面上的土压力 E 为：

$$E = \frac{1}{2}\gamma_s H^2 N + pHM + TL \tag{3-20}$$

式中，L、M、N 为土压力系数，可按下列公式计算：

$$L = \omega K \tag{3-21}$$

$$M = \lambda \cdot K \frac{\sin\eta}{\cos\zeta\cos\varphi}(\cos\alpha + \sin\alpha\cot\beta) \cdot \exp(-\theta\tan\varphi) \tag{3-22}$$

$$N = \frac{\sin^2\eta}{\cos^2\zeta\cos^2\varphi}\left\{\frac{\cos(\eta + \zeta + \varphi)}{\sin(\eta + \varphi + \varphi_0)}\left(\frac{1}{2}\sin2\gamma + \sin^2\gamma\cot\eta\right) + \right.$$

$$K\left[\lambda\left(\frac{1}{2}\sin2\alpha + \sin^2\alpha\cot\beta\right) \cdot \exp(-2\theta\tan\varphi)\right] -$$

$$\left.\frac{K}{2\tan\varphi}\cos(\xi_1 + \beta + \delta)[1 - \exp(-2\theta\tan\varphi)]\right\} \tag{3-23}$$

其中

$$\lambda = \frac{\sin\xi_1\sin(\beta + \delta - \varphi)}{\sin(\alpha + \beta - 2\varphi)}$$

$$\omega = \frac{\sin\xi_1 \cos(\beta + \delta - \varphi)}{\sin(\alpha + \beta - 2\varphi)}$$

$$K = \frac{\sin(\gamma + \eta + 2\varphi)}{\sin(\eta + \varphi - \varphi_0)\sin(\xi_1 + \beta + \delta - \gamma + \zeta - \varphi)}$$

式中　ξ_1——AD 连线与 DF 的夹角；

φ_0——填土与墙面之间的摩擦角。

3.3.2　土压力系数计算

对于土压力系数 L、M、N，显然用 MATLAB 计算比较方便。MATLAB 经过 20 多年的发展，已经成为一种功能十分强大，运算效率很高的数学工具软件。在 MATLAB 环境下，用户可以使用程序设计、数值计算、图形绘制、输入输出、文件管理等多项操作。在工程技术界 MATLAB 也被用来解决一些实际课题和数学模型问题。用 MATLAB 编程分别计算土压力系数。

不同坡顶角度 δ 对应的 $M - \varphi$ 计算结果如图 3 – 45 所示，其中系数 $\lambda \cdot K$ 的计算如图 3 – 46 所示。

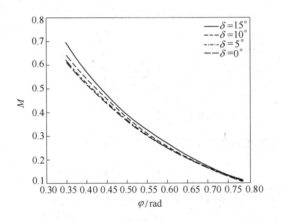

图 3 – 45　压力系数 M 的计算结果

不同坡顶角度 δ 对应的 $L - \varphi$ 计算结果如图 3 – 47 所示。

不同坡顶角度 δ 对应的 $N - \varphi$ 计算结果如图 3 – 48 所示。

水平荷载 T 的计算。车辆运行产生的离心力 T 用离心力计算公式计算：

$$T = \frac{Cv^2}{gR} \tag{3 – 24}$$

式中　C——单位车辆质量；

v——车辆行驶速度；

R——线路半径。

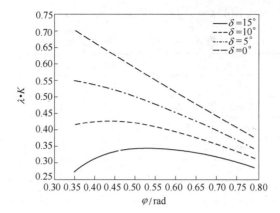

图 3 – 46 $\lambda \cdot K$ 的计算结果

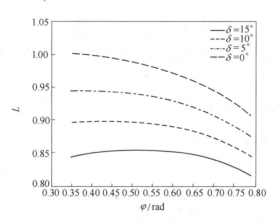

图 3 – 47 压力系数 L 的计算结果

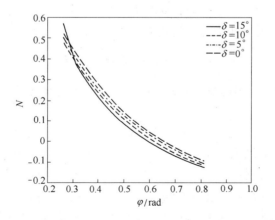

图 3 – 48 压力系数 N 的计算结果

不同半径、不同车速的离心力的计算表见表 3 - 14。

表 3 - 14　离心力 T 的计算表

离心力 /kN·m^{-1}	车速/km·h^{-1}					
	10	20	30	40	50	60
线路半径 /m　200	0.91	3.64	8.18	14.55	22.73	32.74
300	0.61	2.43	5.46	9.70	15.16	21.83
400	0.45	1.82	4.09	7.28	11.37	16.37
500	0.36	1.46	3.27	5.82	9.09	13.10
600	0.30	1.21	2.73	4.85	7.58	10.91

土压力 E 的计算公式为：

$$E = \frac{1}{2}\gamma_s H^2 N + pHM + \frac{Cv^2}{gR}L \tag{3-25}$$

由上式可以看出，土压力与高度为二次函数关系，且与车速的平方成正比，与渣场半径成反比。

3.4　废渣场边坡稳定性研究

3.4.1　边坡热渣整体稳定性分析

根据上述计算公式，可分别计算不同情况下上部行走火车时土压力。然后对于不同的热渣厚度，将热渣视为挡土墙，按照挡土墙的计算方法计算挡土墙稳定安全系数。因为渣场边坡倾角较小，约 34°，对于这种情况的挡土墙，其破坏主要应考虑其抗滑稳定性，所以在此主要分析抗滑稳定性。边坡高度为 15m。

计算上部无热渣时的土压力，此时车辆载荷直接作用于热渣，按照上一节的推导方法，重新推导土压力计算公式为：

$$E = \frac{1}{2}\gamma_s H^2 N + C\lambda K + \frac{Cv^2}{gR}L \tag{3-26}$$

坡顶半径 170m，车速在 20km/h 时，沿渣场走向单位长度土压力计算结果 $E_1 = 296$kN/m。

在上部有 0.5m 厚热渣时，车辆载荷通过热渣传递到边坡热渣上和水渣上，由热渣和水渣两种材料共同承载，由式（3 - 25）计算土压力得：$E_2 = 282$kN/m。

对于坡面热渣形成的挡土墙，其抗滑安全系数 F_s 为抗滑力 F_k 与下滑力 F_x 之比。挡土墙的抗滑力由热渣与土之间的摩擦力提供，挡土墙受力计算简图见图 3 - 49。

根据式（3 - 25）及图 3 - 50 中的受力情况进行推导，渣场边坡的下滑力 F_x 的计算公式如下：

$$F_x = \frac{\cos(\zeta - \varphi_0)}{2}\gamma_s H^2 N + pHM\cos(\zeta - \varphi_0) + \frac{Cv^2}{gR}L\cos(\zeta - \varphi_0) \quad (3-27)$$

同理，推导出渣场边坡的热渣所形成的挡土墙的抗滑力 F_k 的计算公式为：

$$F_k = \left(\frac{1}{2}\gamma_s H^2 N + pHM + \frac{Cv^2}{gR}L\right)\sin(\varphi_0 - \zeta)\tan\varphi_1 + \left(5\gamma h_0 + \frac{H\gamma h_0}{\cos\zeta} + P\right)\tan\varphi_1$$

$$(3-28)$$

式中　γ——热渣的重度；

　　　h_0——边坡上热渣的真厚度；

　　　φ_1——热渣与地基的摩擦角。

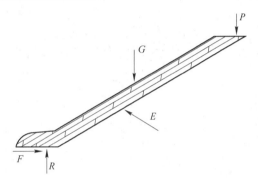

图 3-49　挡土墙计算受力简图

此时在坡面热渣厚度为 0.25m 时行走火车，上部无热渣情况，计算得抗滑力为 69kN/m，下滑力为 272kN/m，安全系数 $F_{s1}=0.25$；上部有热渣情况，抗滑力为 162kN/m，下滑力为 260kN/m，安全系数 $F_{s2}=0.62$。可以看出安全系数过小，不能满足安全需要。

按照上述计算原理，对不同的热渣厚度进行计算，计算结果见表 3-15。

表 3-15　不同热渣厚度的边坡安全系数计算表

边坡热渣厚度/m		0.25	0.30	0.35	0.40	0.45	0.50	0.55
上部无热渣	土压力/kN	296	296	296	296	296	296	296
	抗滑力/kN	69	96	124	152	179	207	234
	下滑力/kN	272	272	272	272	272	272	272
	安全系数	0.25	0.35	0.45	0.56	0.66	0.76	0.86
上部有热渣	土压力/kN	282	282	282	282	282	282	282
	抗滑力/kN	162	190	217	245	273	300	328
	下滑力/kN	260	260	260	260	260	260	260
	安全系数	0.62	0.73	0.84	0.94	1.05	1.16	1.26

从表 3 - 15 的计算结果可以看出，在上部铺设热渣后，边坡热渣厚度达到 0.5m 时，安全系数超过 1.1，达到 1.16，此时边坡处于安全状态。按照岩土工程安全系数不小于 1.1 的要求，计算后需要的边坡热渣厚度不小于 0.47m。

3.4.2　渣场稳定性与高度关系

渣场的高度关系到废渣场的容积以及铁轨线路的布置，过高的渣场高度可能导致边坡失稳，或导致铁轨线路坡度过大。根据式（3 - 27）及式（3 - 28）中的计算，可以看出，下滑力和抗滑力与高度 H 的关系为二次抛物线函数。渣场边坡的下滑力 F_x 和抗滑力 F_k 随高度的变化如图 3 - 50 所示。

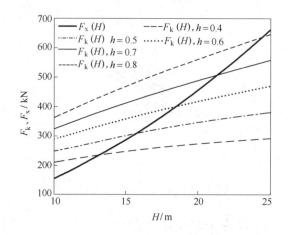

图 3 - 50　F_x、F_k 与高度 H 的关系曲线

土体产生的下滑力随渣场高度的增加而增加，抗滑力随渣场高度的增加而相对减小，这样两个函数曲线必然相交存在交点。因此存在一个高度值，使得两者相等，该值即为极限高度。

令式（3 - 27）与式（3 - 28）相等，化简得：

$$\frac{1}{2}\gamma_s H^2 N + pHM + \frac{Cv^2}{gR}L = \left(5\gamma h_0 + \frac{H\gamma h_0}{\cos\zeta} + P\right)\frac{\tan\varphi_1}{\cos(\zeta - \varphi_0) - \sin(\zeta - \varphi_0)\tan\varphi_1}$$

$$(3 - 29)$$

可以看出，边坡热渣厚度与渣场高度为二次曲线关系。

抛物线的交点即为极限高度。由图 3 - 50 可见，渣场的极限高度随边坡上热渣厚度的变化而变化；安全系数也随渣场高度的变化而变化，随着渣场高度的增加，安全系数减小。

对于不同的边坡热渣厚度，按照上述的土压力计算方法，将式（3 - 27）和式（3 - 28）代入公式 $F_s = F_k/F_x$，计算满足一定安全系数条件下的热渣厚度与渣场高度，见表 3 – 16。

表 3 – 16 边坡热渣厚度与渣场高度计算表

坡面热渣厚度/m	$h_0 = 0.4$	$h_0 = 0.5$	$h_0 = 0.6$	$h_0 = 0.7$	$h_0 = 0.8$
渣场高度/m	13.1	15.7	18.4	21.3	24.4
安全系数	1.1	1.1	1.1	1.1	1.1

根据公司发展情况，预计渣场边坡高度最高约为 25m。在边坡高度达到 25m 时，所需坡面热渣厚度为 0.82m。

表中计算考虑了热渣流动到坡底后在坡底形成的堆积体。计算表明，坡底部堆积体对提高热渣形成的边坡的抗滑性，保持边坡稳定，非常有利。

3.4.3 坡顶倾角的影响

由 MATLAB 计算结果（图 3 – 46 ~ 图 3 – 49）可以看出，系数 M、N、L 均与坡顶倾角 δ 的大小有关。在坡顶倾倒热渣时，为了使倾倒的热渣顺利流动到边坡，在坡顶有一个向外倾斜的角度，并非完全水平的，所以需要进一步分析倾角 δ 对土压力的影响。

用 MATLAB 编程计算不同高度时 δ 与土压力 E 的关系，计算结果如图 3 – 51 所示。

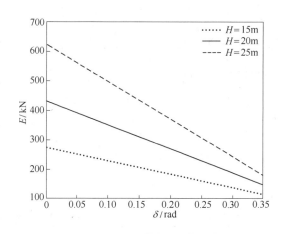

图 3 – 51 坡顶倾角与土压力关系图

由图 3 – 51 中可以看出，随着坡顶倾角 δ 的增大，土压力减小。

图 3 – 51 的函数关系设想用一个简单的函数关系描述，这样便于工程应用。解决这一问题可采用插值法。

已知区间 $[a, b]$ 上的实值函数 $y = f(x)$ 在该区间中的 $n + 1$ 个互不相同的点

$x_0, x_1, \cdots, x_n$ 处的值是 $y_i = f(x_i)(i = 0, 1, \cdots, n)$。选定一个逼近函数类 Φ，在 Φ 中求出满足以下条件的函数 $p(x)$：

$$p(x_i) = y_i \quad (i = 0, 1, \cdots, n) \tag{3-30}$$

应用插值法的关键是确定逼近函数类 Φ，通常，取 Φ 为一组简单函数生成的线性空间，即：

$$\Phi = \mathrm{span}\{\varphi_0(x), \varphi_1(x), \cdots, \varphi_n(x)\} \tag{3-31}$$

其中，$\varphi_i(x)(i = 0, 1, \cdots, n)$ 是 $[a, b]$ 上的一组线性无关函数。对应的插值函数 $p(x)$ 为：

$$p(x) = c_0\varphi_0(x) + c_1\varphi_1(x) + \cdots + c_n\varphi_n(x) \tag{3-32}$$

系数 $c_i(i = 0, 1, \cdots, n)$ 由插值条件式（3-30）确定。

插值函数有三角多项式插值、有理分式插值、连分式插值等。最常见的插值函数是多项式和分段多项式，此时对应的插值问题称为多项式插值、分段多项式插值或样条插值。此时，插值基函数取为 $\{1, x, x^2, \cdots, x^m\}$。

n 次多项式插值问题就是构造一个次数不超过 n 的多项式 $p_n(x)$，使其满足条件式（3-30）。$p_n(x)$ 称为 n 次 Lagrange 插值多项式。设次数不超过 n 的多项式 $p_n(x)$ 为：

$$p_n(x) = \sum_{i=0}^{n} y_i l_i(x) \tag{3-33}$$

函数 $l_i(x)(i = 0, 1, \cdots, n)$，为 n 次多项式；且满足：

$$l_i(x_j) = \delta_{ij} = \begin{cases} 0, i \neq j \\ 1, i = j \end{cases} \quad (i, j = 0, 1, \cdots, n) \tag{3-34}$$

满足上面条件的函数 $l_i(x)$ 为：

$$l_i(x) = c(x - x_0)(x - x_1) \cdots (x - x_{i-1})(x - x_{i+1}) \cdots (x - x_n) \tag{3-35}$$

其中

$$c = \frac{1}{\displaystyle\prod_{\substack{j=0 \\ j \neq i}}^{n} (x_i - x_j)}$$

对 $i = 0, 1, \cdots, n$，有：

$$l_i(x) = \frac{(x - x_0)(x - x_1) \cdots (x - x_{i-1})(x - x_{i+1}) \cdots (x - x_n)}{(x_i - x_0)(x_i - x_1) \cdots (x_i - x_{i-1})(x_i - x_{i+1}) \cdots (x_i - x_n)} \tag{3-36}$$

将式（3-36）代入式（3-33）得：

$$p_n(x) = \sum_{j=0}^{n} y_j \left(\prod_{\substack{i=0 \\ i \neq j}}^{n} \frac{x - x_i}{x_j - x_i} \right) \tag{3-37}$$

取 $n = 2$ 的 Lagrange 插值，则由上面推导可得：

$$L_2(x) = l_{2,0}(x)f(x_0) + l_{2,1}(x)f(x_1) + l_{2,2}(x)f(x_2)$$
$$= l_{2,0}(x)y_0 + l_{2,1}(x)y_1 + l_{2,2}(x)y_2 \tag{3-38}$$

其中

$$l_{2,0}(x) = \frac{(x-x_1)(x-x_2)}{(x_0-x_1)(x_0-x_2)}$$

$$l_{2,1}(x) = \frac{(x-x_0)(x-x_2)}{(x_1-x_0)(x_1-x_2)}$$

$$l_{2,2}(x) = \frac{(x-x_0)(x-x_1)}{(x_2-x_0)(x_2-x_1)}$$

分别计算在垂高 $H = 25\text{m}$、20m、15m 时土压力 E 和坡顶倾角 δ 的近似函数关系:

$$E_{25}(\delta) \approx -1315.91\delta + 641.39,\ H = 25\text{m} \tag{3-39}$$
$$E_{20}(\delta) \approx -815.47\delta + 430.83,\ H = 20\text{m} \tag{3-40}$$
$$E_{15}(\delta) \approx -455.03\delta + 272.34,\ H = 15\text{m} \tag{3-41}$$

它们是近似的线性关系。这样,在坡顶有向外倾角的情况下土压力有所减小,有利于边坡稳定。且随着边坡高度的增大,坡顶倾角 δ 对土压力的影响越大。坡顶倾角对不同高度时安全系数 F_s 的影响如图 3-52 所示。

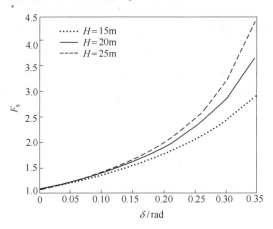

图 3-52 坡顶倾角与安全系数 F_s 的关系图

由图中可以看出,边坡高度较大时,坡顶倾角 δ 对土压力的影响越为显著,因此在边坡高度增大后,适当增加倾角 δ,不仅可以减小土压力,提高安全系数,而且有利于热渣流动,使得热渣能够顺利流动到坡底。

3.4.4 坡顶曲线半径及车速的影响

渣场经过多年运行,已形成了一个近似圆形的渣场,机车在渣场上部运行会产生较大的离心力，所以要考虑机车运行速度和渣场坡顶曲线半径对边坡稳定性的影响。

　　计算不同半径时的车速与土压力关系，如图 3－53 所示。由图中可以看出，在半径较小时土压力随着车速的增加而显著增大。

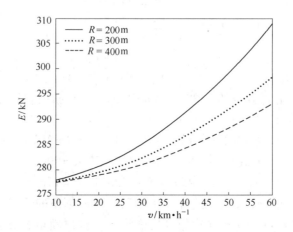

图 3－53　不同半径时车速与土压力的关系

　　进一步计算安全系数与车速和半径的关系，见图 3－54。图中数据表明，车速对安全系数的影响较小。但在半径较小时车速对安全系数有较为显著的影响，因此，应注意在坡顶半径较小时限制车辆的速度。在坡顶半径小于 200m 时，车辆速度应限制在 40km/h 以下，否则车辆运行的安全系数较小。

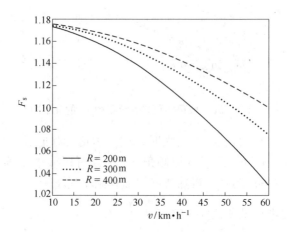

图 3－54　不同半径时车速与安全系数的关系

3.4.5 土压力计算稳定性结论

按照边坡三维的分析，本课题研究的渣场边坡可以简化为二维平面应变问题来进行分析研究。根据渣场结构参数的变化情况，对边坡土压力计算公式进行推导，结合 MATLAB 程序，对边坡的各结构参数与土压力和安全系数之间的关系进行计算分析。

（1）计算了土压力与边坡高度呈二次曲线关系。计算了在目前的渣场高度，坡面热渣厚度不小于 0.47m 时，安全系数不小于 1.1。并且随着边坡高度的增加，所需的热渣厚度增大。

（2）分析了坡顶倾角对土压力的影响，通过 MATLAB 结合 Lagrange 插值计算，土压力与坡顶倾角基本为线性关系，且随坡顶倾角增大而减小，因此，安全系数随坡顶倾角增大而增大。在边坡高度增大后，可适当增加坡顶倾角，以提高安全系数，并有利于热渣流动，使得热渣能够顺利流动至坡底。

（3）计算坡顶曲线半径及车速对安全系数的影响。计算表明，车速对安全系数的影响较小，但在坡顶半径小于 200m 时，车速对安全系数的影响较为显著，因此，在坡顶半径较小时，应限制车速。

3.5 废渣场边坡稳定可靠度分析计算

结构参数及材料性质的不确定性普遍存在于岩土工程的设计与分析之中，在冶炼废渣的堆砌过程中，这种流动渣场边坡也是如此，这种特殊的边坡不仅其材料的性质、几何尺寸处于经常的变化之中，而且存在很大的不确定性。合理、准确、可靠地处理不确定性因素是岩土工程的任务之一。可靠度分析方法是解决岩土工程中不确定性因素的重要方法之一。目前，可靠度分析已在桥梁工程、建筑结构、水利工程、港口工程、建筑基础、道路边坡、基坑支护以及隧道、地铁、硐室和巷道等地下工程中得到广泛应用与发展。

3.5.1 可靠度计算方法

一个结构是否安全，可用结构的可靠度 P_r 来描述，P_r 越大，结构越安全；也可用结构的失效概率 P_f 来描述，P_f 越小，结构越安全。设影响结构可靠性的随机变量为：x_1，x_2，x_3，$\cdots$，x_n，结构的功能函数为：$g(x_1, x_2, x_3, \cdots, x_n)$，则：

$g(x_1, x_2, x_3, \cdots, x_n) > 0$ 表示结构处于安全状态；

$g(x_1, x_2, x_3, \cdots, x_n) < 0$ 表示结构处于失效状态；

$g(x_1, x_2, x_3, \cdots, x_n) = 0$ 表示结构处于临界状态。

为书写方便，记 $X = (x_1, x_2, x_3, \cdots, x_n)$，则上述表达可改写为 $g(X) > 0$ 表示结构安全；$g(X) < 0$ 表示结构失效；$g(X) = 0$ 表示结构处于临界状态。

设 x_1, x_2, x_3, $\cdots$, x_n 的联合概率密度函数为：

$$f_x(x_1, x_2, \cdots, x_n) = f_x(X) \tag{3-42}$$

则结构的失效概率为：

$$P_f = \int\limits_{G(X) \leqslant 0} \cdots \int f_x(X) \, dx_1 dx_2 \cdots dx_n \tag{3-43}$$

可靠度为：

$$P_r = 1 - P_f \tag{3-44}$$

对式（3-43）的积分计算往往十分困难，因此，发展起来了各种各样近似计算结构可靠度 P_r（或失效概率 P_f）的方法。

计算可靠度的方法有很多，目前使用比较广泛的有国际结构安全委员会推荐的 JC 法、一次二阶矩法（FOSM）、二次二阶矩法（SOSM）、高阶矩法、响应面法、蒙特卡罗法（Monte-carlo）、统计矩法（Rosenblueth 法）、直接积分法、随机有限元法等。

其中的一次二阶矩法、二次二阶矩法、JC 法、高阶矩法、响应面法等都属于简化计算方法；蒙特卡罗法属于数值模拟法，数值模拟法还有重要性样本法（Importance sampling）和改进样本法（Adaptive sampling）。普通的直接蒙特卡罗法计算速度比较慢，从而发展起来了重要性样本法和改进样本法。与一次二阶矩法相比，改进样本模拟法的精度最高，重要性样本法次之，一次二阶矩法精度最差。随着可靠性方法本身的不断完善，特别是计算机能力的不断提高，快速有效的多维数值积分方法的开发，实用的联合概率密度函数的计算模型的建立，使得直接积分法不仅成为可能而且成为一种既精确又高效，又能实际应用的一种方法。

3.5.1.1　一次二阶矩方法

对于只考虑随机变量平均值和标准差的所谓"二阶矩模式"，可靠度用可靠指标表示。这种模式先后有德国的 Mayer、瑞士的 Basler、前苏联的尔然尼采和美国的 Cornell 提出过，但只是在 Cornell 之后，二阶矩模式才得到重视。二阶矩模式的特点是形式简单，当功能函数（一般指 R-S 型）中的随机变量服从正态分布时，可以很方便地利用正态概率分布函数计算结构的可靠概率或失效概率，但已经知道多数情况下随机变量并不服从正态分布，因此这时的可靠指标只是可靠度的一个比较含糊的近似代用指标，计算中不要求随机变量服从正态分布。对于非线性的功能函数，则在随机变量平均值处，通过泰勒级数展开的方法，将其近似为线性函数，再求平均值和标准差，这就是现在所称的中心点法。

令功能函数为：

$$Z = g(x_1, x_2, \cdots, x_n) \tag{3-45}$$

对功能函数在平均值处用 Taylor 级数展开得：

$$Z = g(\bar{x}_1, \bar{x}_2, \cdots, \bar{x}_n) + \sum_{i=1}^{n} (x_i - \bar{x}_i) \left(\frac{\partial g}{\partial x_i} \right) \bigg|_{\bar{x}_i} +$$

$$\frac{1}{2} \sum_{i=1}^{n} \sum_{j=1}^{n} (x_i - \bar{x}_i)(x_i - \bar{x}_j) \left(\frac{\partial^2 g}{\partial x_i x_j} \right) \bigg|_{\bar{x}_i \bar{x}_j} + \cdots \quad (3-46)$$

忽略两次以上的项，得：

$$Z = g(\bar{x}_1, \bar{x}_2, \cdots, \bar{x}_n) + \sum_{i=1}^{n} (x_i - \bar{x}_i) \left(\frac{\partial g}{\partial x_i} \right) \bigg|_{\bar{x}_i} \quad (3-47)$$

对上式分别取均值和方差，得：

$$\bar{Z} = g(\bar{x}_1, \bar{x}_2, \cdots, \bar{x}_n) \quad (3-48)$$

$$\sigma_z^2 \approx \sum_{i=1}^{n} \sigma_{x_i}^2 \left(\frac{\partial g}{\partial x_i} \right) \bigg|_{\bar{x}_i} + \sum_{i=1}^{n} \sum_{\substack{j=1 \\ i \neq j}}^{n} \text{cov}(x_i, x_j) \left(\frac{\partial g}{\partial x_i} \right) \bigg|_{\bar{x}_i} \left(\frac{\partial g}{\partial x_j} \right) \bigg|_{\bar{x}_j} \quad (3-49)$$

此时，可靠性指标为：$\beta = \bar{Z}/\sigma_z$。

这种方法将 Taylor 级数展开后忽略两次以上的项，并且只考虑一阶原点矩和二阶中心矩这两个特征参数，故称为一次二阶矩（FOSM）法。对于非线性极限状态方程，涉及偏导数的赋值问题。如果用平均值赋值，就称为中心点法，它有时会带来较大的误差，因为平均值所确定的坐标点位于可靠区而不是在极限状态曲面上。

尽管二阶矩模式形式简单，但其缺点随后也逐渐暴露出来，如不能合理考虑实际中的大多数非正态随机变量；因结构的最可能破坏点（即结构破坏时的变量值）较大程度地偏离随机变量的平均值，功能函数的展开点选在平均值处不合理；特别是，用力学含义相同，但数学表达形式不同的结构功能函数求得的可靠指标是不同的，有时还相差很大，这些都使得人们对二阶矩模式的合理性产生怀疑。之后，人们又提出了一些其他形式的可靠指标。直到 1973 年加拿大学者 Lind 建立了二阶矩模式与结构设计表达式的联系，才又重新确立了二阶矩模式的地位，希望通过进一步的研究来解决该模式存在的问题。一般认为这一阶段是结构可靠性研究的第一阶段，其间还需值得一提的是 1947 年美国学者 Frendenthal A. M. 的工作，一般认为他的工作是结构可靠性理论系统研究的开始。我国对结构可靠性理论的研究始于 20 世纪 50 年代，曾讨论了数理统计方法在结构设计中的应用问题，60 年代又提出用二阶矩模式分析结构的安全系数。

对于结构功能函数随机变量服从正态分布的情形，在概率密度曲线坐标中，功能函数的平均值为曲线的峰值点到结构功能函数等于 0（极限状态方程）的点之间的距离，可用标准差的倍数表示，这个倍数就是二阶矩模式中的可靠指标。而如果将结构功能函数随机变量线性变换为一个标准正态随机变量，则在新的概率密度曲线坐标中，可靠指标为坐标原点到极限状态面的距离。将这一几何概念进行推广，1974 年 Hasofer 和 Lind 提出了结构可靠指标的新定义，将可靠指标定义为标准正态空间内（随机变量的平均值为 0，标准差为 1），坐标原点到极限状态曲面的最短距离，原点向曲线垂线的垂足为验算点。极限状态曲面为结构功能函数等于 0 的曲面，显然不管数学表达式如何，只要具有相同的力学含义，所表示的都是一个曲面，这样坐标原点到极限状态曲面的最短距离也只有一个，据此定义的结构可靠指标是唯一的，解决了初始的二阶矩模式中可靠指标计算结果依赖于结构功能函数表达形式的问题。另外，可以很容易地证明，如此定义的可靠指标也是将非线性功能函数在其验算点处线性化后的线性函数所对应的二阶矩模式的可靠指标。这样，在本质上，Hasofer-Lind 可靠指标仍然属于二阶矩模式的范畴，只是物理意义更明确，但这却是结构可靠度理论发展的重要一步。

在标准化正态空间内定义结构可靠指标具有非常重要的意义。首先，正态分布具有可加的性质（即多个正态随机变量的代数和也服从正态分布），当所有随机变量均服从正态分布时，这一点保证了在验算点处线性化的功能函数的正态性，便于利用正态概率分布函数通过可靠指标近似计算结构的失效概率；其次，具有二次型指数形式的正态概率密度函数，使得随机变量的联合概率密度函数值，可以用标准正态空间内的点到坐标原点的距离 r 表示，即 $\exp(-0.5r^2)$，该式说明了极限状态曲面上的验算点（$r_{min}=\beta$）是对结构失效概率贡献最大的点，而且在失效域内及失效边界上，与验算点距离稍远的点对结构失效概率的贡献迅速变小，这是因为当 $r>\beta$ 时 $\exp(-0.5r^2)$ 的值要迅速减小。由此看来，结构的失效概率取决于标准正态空间内结构功能函数在验算点附近的性质，只要在验算点附近结构功能函数具有线性的性质，则由 Hasofer-Lind 可靠指标求得的结构失效概率就具有足够的精度（工程中大多数情况如此）；第三，一般情况下，随机变量的统计特性必须用其所有阶矩才能完整地描述出来，而对于正态随机变量，其统计特性只需用其一阶矩（平均值）和二阶矩（方差或协方差）就可完整地描述，因为正态随机变量三阶以上的矩均可用其二阶矩表示出来，这意味着在正态空间内定义结构的可靠指标，理论上也是完备的。另外，正态分布的二次型密度函数和可加性质，为应用线性代数理论对结构失效概率作更精确的分析提供了条件，对于结构体系可靠度问题也是如此。

Hasofer-Lind 可靠指标可以很好地描述结构的可靠度，但要求所有随机变量都服从正态分布，这与结构设计中的实际情况并不相符，因此要通过数学变换来解决。如果随机变量之间不相关，国际上常用的变换方法有两种，一是将非正态随机变量按等概率原则映射为标准正态随机变量；另一是按当量正态化条件，将非正态随机变量当量为正态随机变量，此种方法是 Rackwitz 和 Fiessler 在 1978 年研究荷载组合时提出的。研究表明，两种方法实质上是一致的。第二种方法较为直观，易于被工程人员理解，被国际结构安全度联合会（JCSS）推荐使用，通常称为 JC 法。在国内，人们还提出了简便实用、精度与 JC 法相差不多的实用分析法。对于随机变量相关的情形，需要知道随机变量的联合概率分布函数，然后应用 Rosenblatt 变换将相关的非正态随机变量，变换为独立的标准正态随机变量。这种方法理论上是完善的，但在实际工程中应用却非常困难，因为实际中每个设计变量（随机变量）的概率分布函数，是从其物理概念出发并结合工程经验，通过对收集数据的拟合度检验，从已有的概率模型中选定的，而除正态分布的情况外，理论上很难给出多个随机变量的联合概率分布函数，工程中易于获得的是每个随机变量的概率分布函数和两个随机变量间的线性相关系数（当随机变量不服从正态分布时，线性相关系数不能完全反映随机变量间的相关性，还需要其他高阶的相关系数）。分析相关随机变量可靠度的另一种方法，是按随机变量独立时的方法，首先将非正态随机变量映射或当量为正态随机变量，然后再根据原随机变量间的线性相关系数，近似计算变换后的随机变量间的线性相关系数。理论上讲这种方法不是很严格，但在工程中应用是可行的，特别是考虑到工程中所能提供的相关信息是非常有限的。

在上面的可靠度分析方法中，无论随机变量是服从正态分布，还是不服从正态分布，无论随机变量是相关的，还是不相关的，都只使用了结构功能函数的一次项（或泰勒展开级数的线性项）和随机变量（或当量正态化随机变量）的前二阶矩，因此统称为一次二阶矩方法。如果将 Taylor 级数展开式的点选在极限状态曲面上，并且只在失效概率为最大的这个点上，这个赋值点称为验算点，经过这样改进后的一次二阶矩法称为验算点法。为与中心点法相区别，一般将同时求验算点的可靠度分析方法称为验算点法，有时也称为改进的一次二阶矩方法。利用验算点法计算结构的可靠指标时，需要预先知道验算点的坐标值，而对于非线性结构功能函数和非正态随机变量的情形，验算点坐标值是不能预先求得的，因此一般需要迭代求解。迭代格式可根据验算点与可靠指标的关系建立，也可以根据可靠指标的几何含义，通过拉格朗日乘子法，利用优化原理建立，而实际上，由这两种方法建立的迭代格式是一致的。实际计算表明，在有些情况下，按上述方法建立的迭代格式求解，可靠指标是不收敛的，这种情况一般发生于标准空间内的结构功能函数在验算点附近呈高度非线性时。其原因是上述以梯度为基础的迭代格式，在功能函数非线性程度较高时，梯度会剧烈变化，造成迭代计算的不稳定性。对于这一问题，目前常根据结构可靠指标的几何意义，利用现已比较成熟的有约束优化方法解决，但计算过程比较复杂。

在工程结构可靠度分析中，特别是当用各种先进的力学方法分析大型结构的响应时，往往所面对的结构功能函数只是一个计算过程，而不是一个明确表达式，这给功能函数的求导带来了困难，而现有的可靠指标计算方法都需要使用功能函数的一阶偏导数。目前，解决这一问题常用的方法是响应面方法，即在所有随机变量构成的空间中，先按照一定规则选择一定数目的点，求得每一个点的响应值，用数值拟合方法构造一个低次（一般为二次）多项式函数（代用功能函数），代替原结构功能函数进行可靠度分析，求得验算点后，再按照相同的规则在验算点附近布点，求得响应值，继续构造新的多项式函数，进行可靠度分析，依次进行下去，直至满足规定的精度要求。响应面方法所求得的可靠指标是针对构造的代用功能函数而言的。

3.5.1.2　二次二阶矩方法

如前所述，以标准正态空间内坐标原点到极限状态曲面的最短距离定义的结构可靠指标，所对应的是在验算点处线性化的极限状态方程（或超切平面）的可靠指标，它没有反映极限状态曲面的凹凸性，在极限状态方程的非线性程度较高时，误差较大。1984 年 Breitung 给出一个考虑了极限状态曲面在验算点处主曲率的失效概率渐近计算公式，具体分析时，首先根据计算可靠指标时得到的灵敏系数（或方向余弦）向量，应用 Gram-Schmidt 标准正交化方法产生正交矩阵，然后对随机变量进行正交变换（即转轴），整个计算过程要涉及复杂的矩阵分析和行列式运算。一般情况下，将非线性极限状态方程在验算点处展开并保留至二次项时，得到的是一个椭圆或双曲面方程，直接由这样的二次方程进行分析得到的是一个非常复杂的结果，Tvedt 给出了一个近似计算失效概率的三项表达式，其中要涉及复数运算。Breitung 的结果是根据拉普拉斯逼近原理得到的，在得到的椭圆或双曲面方程中，如果将主轴（与转轴后坐标系中的极限状态曲面垂直的坐标轴）变量的二次项略去，将得到一个抛物面方程，经进一步简化，也可得到与 Breitung 相同的结果。国内曾应用拉普拉斯逼近原理，给出相关随机变量失效概率的二次分析结果。上述方法均考虑了结构极限状态方程的二次非线性，统称为二次二阶矩方法。结构的二次二阶矩计算方法能够提高可靠度的计算精度，但需要用到较多的数学知识，学习和应用具有一定难度。

3.5.1.3　统计矩法

统计矩法又称 Rosenblueth 法，是 20 世纪 80 年代初开始引入岩土工程可靠度分析的一种方法。这是一种近似的方法。利用该方法计算各参数及可靠概率，其基本要点是：在状态变量 $X_i(i=1,2,\cdots,n)$ 的分布函数未知的情况下，无需考察其变化形态，只需在区间 $(x_{\min},x_{\max})$ 上分别对称地取 2 个点，例如均值 μ_{x_i} 的正负一个标准差 σ_{x_i}，即：

$$x_{i1}=\mu_{x_i}+\sigma_{x_i} \tag{3-50}$$

$$x_{i1}=\mu_{x_i}-\sigma_{x_i} \tag{3-51}$$

对于 n 个状态变量，可有 $2n$ 个取值点，取值点的所有组合有 2^n 个。在 2^n 个组合下，可求相关的输出参量。假设状态方程为 $z=g(x)$，如果 n 个状态变量相互独立，每一组合出现的概率值相等，则 z 的均值估计为：

$$\mu_z = \frac{1}{2^n}\sum_{j=1}^{2^n} z_j \qquad (3-52)$$

如果 n 个状态变量是相关的，且每一组出现的概率不相等，则其概率值 P_j 的大小取决于变量间的相关系数 ρ：

$$p_j = \frac{1}{2^n}(1 + e_1 e_2 \rho_{1,2} + e_2 e_3 \rho_{2,3} + \cdots + e_{n-1} e_n \rho_{n-1,n}) \qquad (3-53)$$

式中，e_i（$i=1, 2, \cdots, n$）取值为：当 x_i 取 x_{i1} 时，$e_i=1$；当 x_i 取 x_{i2} 时，$e_i = -1$。$\rho_{n-1,n}$ 为状态变量 X_{n-1} 和 X_n 的相关系数 ρ，于是 z 的估计值为：

$$\mu_z = \sum_{j=1} p_j z_j \qquad (3-54)$$

因此，随机变量 z 的一阶矩 M_1（均值 μ_z），二阶矩 M_2（方差 V_z），三阶矩 M_3，四阶矩 M_4 的点估计式分别为：

$$M_1 = \mu_z \approx \sum_{j=1}^{2^n} p_j z_j \qquad (3-55)$$

$$M_2 = \sigma_z^2 \approx \sum_{j=1}^{2^n} p_j z_j^2 - \mu_z^2 \qquad (3-56)$$

$$M_3 \approx \sum_{j=1}^{2^n} p_j z_j^3 - 3\mu_z^2 \sum_{j=1}^{2^n} p_j z_j^2 + 2\mu_z^3 \qquad (3-57)$$

$$M_4 \approx \sum_{j=1}^{2^n} p_j z_j^4 - 4\mu_z \cdot M_3 - 6\mu_z^2 \cdot M_2 - \mu_z^4 \qquad (3-58)$$

由极限状态函数 z 的一阶矩 M_1 和二阶矩 M_2，可求得结构可靠度指标 β：

$$\beta = M_1 / M_2^{1/2} \qquad (3-59)$$

表征 z 的离散程度的变异系数 V_z 为：

$$V_z = M_2^{1/2} / M_1 \qquad (3-60)$$

表征 z 的概率分布对称程度的偏倚方向的偏态系数 θ_1 为：

$$\theta_1 = M_3 / M_2^{3/2} \qquad (3-61)$$

表征 z 的概率分布凸起程度的峰态系数 θ_2 为：

$$\theta_2 = M_4 / M_2^2 \qquad (3-62)$$

失效概率计算：假设状态函数服从正态分布或对数正态分布，可按中心点法计算失效概率，即：

$$P_f = 1 - \Phi(\beta) \qquad (3-63)$$

3.5.1.4　蒙特卡罗法

蒙特卡罗法又称随机模拟方法，或称为随机抽样技术或统计试验方法，是人工产生和利用随机数的方法的总称。Monte-Carlo 方法解题的基本思想为：欲求一个问题的数值解，首先建立一个概率模型或随机过程，使其某个数字特征为所求问题的解；然后按给定的概率模型在计算机上产生随机数，将每一个随机数作为抽样试验的结果参加运算，获得所求参数的统计特征。定义一个指标函数如下：

$$I[g(x_1,x_2,\cdots,x_n)] = \begin{cases} 1 & g(x_1,x_2,\cdots,x_n) < 0 \\ 0 & g(x_1,x_2,\cdots,x_n) \geq 0 \end{cases} \qquad (3-64)$$

失效概率的无偏估计为：

$$P_f = \frac{1}{N}\sum_{i=1}^{N} I[g(x_1,x_2,\cdots,x_n)] = N_f/N \qquad (3-65)$$

对于极限状态方程为非线性的，变量分布为非正态的情况，只要模拟次数足够多，就能得到一个相对精确的失效概率。常规的蒙特卡罗法，其模拟次数与结构的失效概率有很大的关系。Monte-Carlo 法中又有直接法、平均值法及半解析法。直接法，一般模拟次数 $N \geq 100/P_f$；平均值法，实际上是一种方差缩减技术，也称为重要抽样技术，它的模拟次数不受失效概率的影响；半解析（数值）方法，也是一种方差缩减技术，称为统计估计抽样技术。

对于不同的抽样方法，在同样的模拟次数下，精度是不同的，计算的复杂程度和适用的条件、范围也各不相同，因此难于评判哪一种方法更好。一般说来，一种模拟方法的模拟精度越高，相应的前期准备工作越多，计算也越复杂。另外，无论使用哪一种重要的抽样方法，也无论是构件可靠度还是体系可靠度，准确找到重要区域的位置是非常重要的，否则，不仅不能提高分析的效率和精度，反而会降低重要抽样法的优势，严重影响分析结果。蒙特卡罗法是一种十分有效的可靠度计算方法。该方法很早就提出，但由于计算工作量大而一直没有得到实际应用。随着高速计算机的发展，蒙特卡罗法受到重视和发展。蒙特卡罗法最大的优点是适用于任意分布和非线性功能函数，变量的相关性与否并不影响计算工作量和精度，而计算量与失效概率和随机变量的离散程度（均方差）有关。所以，对于高度非线性的功能函数和相关随机变量，且对可靠度要求不是很高（与水电、军工工程相比）的可靠度计算更为有效。

3.5.1.5　响应面法

使用二阶矩法进行结构可靠度计算时，均假设功能函数是已知的，据此才能进行所介绍的一系列近似计算方法。但有时不能给出这种函数的明确表达式。例如，用有限元进行应力和应变分析，局部应变疲劳分析等。在此情况下，必须首先确定功能函数的一个近似表达式，然后再进行结构可靠度的分析计算。由 Box 和 Wilson 首次采用近似函数来模拟实际功能函数的可靠度方法称为响应面法

（Response Surface Method，RSM），并且已经得到广泛的应用。

响应面法的实质是曲线（面）拟合。因此，响应面法不仅可应用于试验设计和分析，还可应用于数值计算。响应面法的第一步是选取响应面函数形式。早期响应面函数取为基本变量的一次式，表达式为：

$$\bar{z} = \bar{g}(x_1, x_2, \cdots, x_n) = a_0 + \sum_{i=1}^{n} a_i x_i \tag{3-66}$$

大量的研究成果表明，兼顾简单性、灵活性及计算效率与精度要求，RSM解析表达式的形式，通常取不含交叉项的二次多项式，即：

$$\bar{z} = \bar{g}(X) = a_0 + \sum_{i=1}^{n} b_i x_i + \sum_{i=1}^{n} c_i x_i^2 \tag{3-67}$$

式中，a_0、b_i、c_i（$i = 1, 2, \cdots, n$）均为待定系数，总计 $2n+1$ 个待定系数。

事实上通过响应面函数很好地拟合真实功能函数是很困难的，但是将响应面法用于结构可靠度分析中，目的是求解验算点和可靠指标，考虑到可靠度分析的应用响应面法在验算点附近拟合功能函数则很容易拟合很好，而且还可以对响应面函数形式加以简化而不会影响分析结果。为了使响应面函数获得好的逼近效果，样本点的选取是非常重要的。应使所选取的样本点数较少，并且包含较多的极限状态函数的信息。对于大型复杂结构，当随机变量很多的时候，这一过程的计算量很大，实际上不需要拟合出整个空间上的响应面和精确的失效面相吻合，只需要在验算点附近一致。因为这一区域对总的失效概率的贡献最大，因此展开点应选在验算点附近，但是在计算时并不知道验算点的位置。如果在计算中展开点取值范围很宽，验算点较容易落在该范围内，但是所得到的多项式对实际失效函数的拟合度就较差；反之，若取值范围过窄，验算点有可能不落在该范围内，从而使所得到的多项式不能与实际的失效函数在该点处相拟合。在实际计算中，若已知个基本变量的分布形式及分布参数，首先以均值点为中心，展开点的选择范围为 $\mu_{x_i} \sim \mu_{x_i} \pm f\sigma_{x_i}$（$f$ 可根据工程中 3σ 的原则进行选择），取若干组展开点后就可以得到失效函数的近似表达式 $\bar{g}(x)$。第一次得到的近似表达式 $\bar{g}(x)$ 在验算点附近可能与真实的失效函数拟合程度不好，这时可根据 $\bar{g}(x)$ 计算近似的验算点 X^*，计算可靠指标，然后用反复迭代插值技术如下：

$$X_m = \mu + (X^* - \mu) g'(\mu) / [g'(\mu) - g'(x^*)] \tag{3-68}$$

得到新的中心展开点，重复上面计算，直到满意为止（$|\beta_{k+1} - \beta_k| < \varepsilon$）。在拟合曲面求出后，采用一次二阶矩法或 MCS 抽样法可以方便地求出结构的失效概率。

3.5.1.6 直接积分法

由结构可靠度基本理论可知，结构可靠度表达式是一个高维积分，采用各种近似方法进行分析是为了避免大量积分运算。但如果采用合适的积分计算方法，可使计算量减少到最低程度，从而可以使得直接积分法成为一种既精确又高效，又能实际应用的一种方法。正态空间内的概率积分具有 Gauss-Hermite 积分形式，贡金鑫等提出结构可靠度的 Gauss-Hermite 积分方法。当每个变量取 3 个积分点时，计算精度相当于二次二阶矩方法或略高于二次二阶矩方法；当多于 3 个积分点时，要高于二次二阶矩方法。与二次二阶矩方法不同的是，Gauss-Hermite 积分方法不需要使用结构功能函数的导数，适合于各种复杂问题的可靠度分析。

3.5.2　直接积分可靠度计算方法

综合以上分析，可以看出，目前的可靠度计算方法仍以简化算法和数值模拟方法居多。尽管可靠性分析中最早提出的计算式是式（3-43），但真正采用的方法是近似的可靠性计算方法，这是因为一般情况下计算式（3-43）的积分十分困难。具体原因有以下几点：首先，影响结构可靠性的因素很多；其次，联合概率密度函数 $f_x(X)$ 难以得到；此外，失效状态函数 $g(X)$ 很复杂，从而使得积分区域 $\{x:g(X)\leqslant 0\}$ 很不规则。而近似计算方法因为计算简单、便于工程实际运用而得到了较快的发展。随着计算机能力的不断扩大及大量统计资料的收集，特别是最近发展起来的快速多维数值积分方法以及实用的联合概率密度函数计算模型，目前比较精确的直接积分法的计算可靠度越来越受到偏爱，并且逐步成为一种既精确又高效，完全能应用于工程实践的方法。

直接积分法是结构可靠性计算的重要方法之一。在过去 20 多年里，结构可靠性计算方法的发展几乎正好走了一个圆。最早的可靠性计算公式是采用全概率分布的。由于当时缺乏有效的计算手段，全概率分布被搁置，而转向近似的一阶二次矩法的研究。目前，随着计算机的发展，人们开始偏爱比较精确的直接积分法和数值模拟法。尽管如此，直接积分法在工程中的实际应用却并不多见，将数值积分方法应用于直接积分可靠度计算中的工程算例仍很少。

假定结构功能函数 Z 的概率密度函数为 $f_z(z)$，则结构的可靠度为：

$$P_s = P(Z > 0) = \int_0^{+\infty} f_z(z)\mathrm{d}z \qquad (3-69)$$

结构的失效概率由下式计算：

$$P_s = P(Z < 0) = \int_{-\infty}^0 f_z(z)\mathrm{d}z \qquad (3-70)$$

而实际上，很难知道结构功能函数的概率分布，一般情况下可以知道其表达式中各随机变量的概率分布。如结构抗力为 R，荷载效应为 S，联合概率密度函数为 $f_{RS}(r,s)$，则随机点落入 $[r,r+\mathrm{d}r]$ 和 $[s,s+\mathrm{d}s]$ 所构成的矩形区域的概率为 $f_{RS}(r,s)\mathrm{d}r\mathrm{d}s$。若结构功能函数为 $Z=R-S$，则按照概率论原理，结构失效概率为：

$$P_f = P(Z < 0) = P(R < S) = \iint\limits_{R<S} f_{RS}(r,s)\,\mathrm{d}r\mathrm{d}s \qquad (3-71)$$

如果 R 与 S 相互独立,在联合概率密度函数为 $f_R(r)f_S(s)$ 时,从而式(3-71)成为：

$$P_f = P(R < S) = \int_0^{+\infty}\int_0^s f_R(r)f_S(s)\,\mathrm{d}r\mathrm{d}s = \int_0^{+\infty} F_R(s)f_S(s)\,\mathrm{d}s \quad (3-72)$$

或

$$P_f = P(R < S) = \int_0^{+\infty}\int_r^{+\infty} f_R(r)f_S(s)\,\mathrm{d}r\mathrm{d}s = \int_0^{+\infty} \left[1 - F_S(r)\right] f_R(r)\,\mathrm{d}r$$

$$(3-73)$$

式中, $F_R(s)$、$F_S(r)$ 为分布函数。

作为更一般的情况,若功能函数中包含 n 个基本随机变量 x_1、x_2、$\cdots$、x_n, 其联合概率密度函数为 $f_X(x_1,x_2,\cdots,x_n)$,则结构失效概率表示为：

$$P_f = \iint\limits_{Z<0} \cdots \int f_x(x_1,x_2,\cdots,x_n)\,\mathrm{d}x_1\mathrm{d}x_2\cdots\mathrm{d}x_n \qquad (3-74)$$

若 x_1, x_2, $\cdots$, x_n 相互独立, 则：

$$P_f = \iint\limits_{Z<0} \cdots \int f_{x_1}(x_1)f_{x_2}(x_2)\cdots f_{x_n}(x_n)\,\mathrm{d}x_1\mathrm{d}x_2\cdots\mathrm{d}x_n \qquad (3-75)$$

显然上述可靠度计算是一个多维积分问题。对于被积函数过于复杂,难以找到具体的表达式或者被积函数用表格形式给出时,很自然地就想到用计算数学来进行处理。计算数学虽然是一门较为古老的数学,但是近代计算数学真正的发展和大量应用是随着计算机的发展和应用而逐步发展形成的。数值积分也是计算数学研究的内容之一,随着计算机的迅速发展,许多高效、高精度的数值积分方法得到了大量运用。

3.5.3 数值积分方法

实际问题中经常遇到积分计算问题。有些被积函数 $f(x)$ 的原函数不能用初等函数表示成有限形式,有的 $f(x)$ 却很难求得它的原函数,甚至有些被积函数 $f(x)$ 没有具体的解析表达式,仅仅知道它在某些离散点处的函数值而无法求得它的原函数。因此,要研究计算定积分的数值方法。数值分析是联结纯数学与它在科学和技术中应用的重要纽带。因为有了数值分析的发展,现时中的许多问题能够有真实的结果。数值积分是数值分析研究的主要内容之一。

设 (a, b) 为有限或无限区间,积分 $I(f)$ 的表达式为：

$$I(f) = \int_a^b f(x)W(x)\,\mathrm{d}x \qquad (3-76)$$

$W(x)$ 为权函数。设函数 $f(x)$ 在 (a,b) 上的 $n+1$ 个互异点：$a \leqslant x_1 < x_2 < \cdots < x_{n+1} \leqslant b$，各点处的函数值分别为：$f(x_1)$，$f(x_2)$，$\cdots$，$f(x_{n+1})$。

我们用 $f(x_1)$，$f(x_2)$，$\cdots$，$f(x_{n+1})$ 的线性组合：

$$I_n(f) = \sum_{i=1}^{n+1} A_i f(x_i) \tag{3-77}$$

作为积分 $I(f)$ 的近似值：$I(f) \approx I_n(f)$

$I_n(f)$ 称为计算积分 $I(f)$ 的数值积分公式或求积公式；x_1，x_2，$\cdots$，x_{n+1} 称为求积基点（节点），简称基点；A_1，A_2，$\cdots$，A_{n+1} 称为求积系数，它们仅与求积基点有关，而不依赖于被积函数 $f(x)$。

$$E_n(f) = I(f) - I_n(f) = \int_a^b f(x) - \sum_{i=1}^{n+1} A_i f(x_i) \tag{3-78}$$

上式称为求积公式的余项或离散误差。

通常地，用便于积分且又逼近被积函数 $f(x)$ 的函数替代 $f(x)$ 来构造求积公式。给定一组基点：$a \leqslant x_1 < x_2 < \cdots < x_{n+1} \leqslant b$，作 $f(x)$ 的 Lagrange 插值多项式：

$$p_n(x) = \sum_{i=1}^{n+1} l_i(x) f(x_i) \tag{3-79}$$

其中 $l_i(x)$ 为 Lagrange 基本多项式，即：

$$l_i(x) = \frac{\omega_{n+1}(x)}{(x-x_i)\omega_{n+1}(x_i)}, i = 1, 2, \cdots, n+1 \tag{3-80}$$

式中

$$\omega_{n+1}(x) = (x-x_1)(x-x_2)\cdots(x-x_{n+1})$$

于是有：

$$I(f) = \int_a^b f(x)W(x)\mathrm{d}x = \int_a^b p_n(x)W(x)\mathrm{d}x + E_n(f) = \sum_{n=1}^{n+1} A_i f(x_i) + E_n(f) \tag{3-81}$$

其中

$$A_i = \int_a^b l_i(x)W(x)\mathrm{d}x, i = 1, 2, \cdots, n+1$$

则插值求积公式为：

$$I_n(f) = \sum_{n=1}^{n+1} A_i f(x_i) \tag{3-82}$$

目前常用的数值积分方法有：Newton-Cotes 型求积公式、复合型求积公式、Romberg 积分法、自适应 Simpson 积分法、Gauss 型求积公式等，并且在此基础上发展了二维、三维数值积分方法。

对于等距节点，有 Newton-Cotes 公式。设 $[a,b]$ 为有限区间，权函数 $W(x) = 1$。将区间 $[a,b]$ 分成 n 等份，即步长为：

$$h = x_{i+1} - x_i = \frac{b-a}{n}, \quad i = 1, 2, \cdots, n$$

设 $x = a + th$ ，则有：

$$
\begin{aligned}
A_i &= \int_a^b \frac{\omega_{n+1}(x)}{(x - x_i)\omega_{n+1}(x_i)}\mathrm{d}x \\
&= (-1)^{n+1-i}\frac{h}{(i-1)!(n+1-i)!}\int_0^n t(t-1)\cdots(t-i+2)(t-i)\cdots(t-n)\mathrm{d}t
\end{aligned}
$$

$$(3-83)$$

式中，$i = 1, 2, \cdots, n+1$。

将上式代入式（3-82）即为 n 阶 Newton-Cotes 公式。取 $n=2$，计算 Cotes 系数 A_i，可得 Simpson 公式 $I_2(f)$。

在计算节点较多的情况下，Newton-Cotes 求积公式的代数精确度可以提高，但多节点的 Newton-Cotes 求积公式的数值稳定性差，故不宜采用。为了既提高求积公式的精度，又保证其数值稳定性，我们避免采用高次插值近似 $f(x)$，而是采用分段低次插值近似 $f(x)$，这样得到的求积公式称为复合求积公式。

复合 Simpson 公式计算简单，且具有较高的精度，因此应用较为广泛。

将积分区间 $[a, b]$ 进行 $2n$ 等分，令：

$$h = (b-a)/2n, \quad x_i = a + ih(i = 1, 2, \cdots, 2n)$$

在区间 $[a, b]$ 上取 n 个相等的子区间 $[x_{2i-2}, x_{2i}](i = 1, 2, \cdots, 2n)$，在每个子区间上使用 Simpson 公式：

$$\int_{x_{2i-2}}^{x_{2i}} f(x)\mathrm{d}x \approx \frac{h}{3}[f(x_{2i-2}) + 4f(x_{2i-1}) + f(x_{2i})] \tag{3-84}$$

于是，在区间 $[a, b]$ 上有：

$$
\begin{aligned}
\int_a^b f(x) &= \sum_{i=1}^n \int_{x_{2i-2}}^{x_{2i}} f(x)\mathrm{d}x \approx \frac{h}{3}\sum_{i=1}^n [f(x_{2i-2}) + 4f(x_{2i-1}) + f(x_{2i})] \\
&= \frac{h}{3}\left[f(a) + 4\sum_{i=1}^n f(x_{2i-1}) + 2\sum_{i=1}^{n-1} f(x_{2i}) + f(b)\right]
\end{aligned}
\tag{3-85}
$$

上式称为复合 Simpson 公式。

利用定积分定义容易证明，当 $n \to \infty$ 时，复合 Simpson 公式收敛于积分值 $I(f)$。复合 Simpson 公式的求积系数 β_k（$k = 0, 1, 2, \cdots, n$）满足：

$$\sum_{k=0}^{2n} |\beta_k| = 2nh = b - a \tag{3-86}$$

因而，复合 Simpson 公式具有数值稳定性。

对复合 Simpson 公式进行误差分析，其离散误差为：

$$E(f) = -\frac{h^4(b-a)}{180}f^{(4)}(\xi) \tag{3-87}$$

式中，$\xi \in [a, b]$。

通常计算离散误差的大小是比较困难的，但可以由代数精确度衡量求积精度。代数精确度是衡量一个求积公式的精度的重要标志之一。

如果计算积分 $I(f)$ 的求积公式为 $I_n(f)$，若对 $f(x) = x^j$，有：

$$I_n(x^j) = I(x^j), j = 0, 1, \cdots, k$$

但对于 $f(x) = x^{k+1}$，有：

$$I_n(x^{k+1}) \neq I(x^{k+1})$$

则求积公式 $I_n(f)$ 的代数精确度是 k。

这样容易从 Simpson 公式的离散误差计算出，它的代数精确度为 3，它具有较高的代数精确度。

3.5.4　基于数值积分的可靠度计算

总结可靠度计算的论述，可以看出，尽管目前许多高效、高精度的数值积分方法得到了大量运用，但是真正用于可靠度计算的工程算例却并不多见。本章根据可靠度计算的基本公式，从计算数学的角度出发，给出了一种基于数值积分的方法进行可靠度计算分析。

3.5.4.1　随机变量及功能函数

热渣在坡顶和坡面自然流动冷却后，在边坡所形成的热渣厚度分布很难均匀，热渣冷凝过程中在内部产生许多气泡和裂隙，使得其密度也不均匀。这样热渣的厚度和密度实际上是一个随机变量，所以，在此我们以这两个参数作为随机变量用可靠度方法进行进一步分析。

渣场热渣厚度的一组现场实测数据见表 3 - 17。

表 3 - 17　热渣厚度统计

序　号	1	2	3	4	5	6	7	8	9	10
厚度/m	0.22	0.39	0.55	0.57	0.43	0.38	0.18	0.28	0.23	0.36
序　号	11	12	13	14	15	16	17	18	19	20
厚度/m	0.56	0.54	0.29	0.44	0.51	0.61	0.25	0.19	0.33	0.49

热渣厚度的平均值为 $\bar{h} = 0.39\text{m}$。计算得热渣厚度的概率密度分布直方图如图 3 - 55 所示。

热渣密度的概率密度直方图如图 3 - 56 所示。

由 3.4 节的稳定性研究可知，边坡失稳的功能函数可表示为：

$$g(X) = F_k(X) - F_x(X) \tag{3 - 88}$$

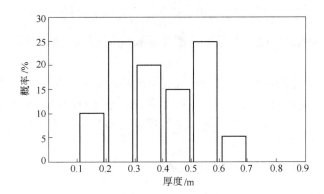

图 3-55 热渣厚度分布直方图

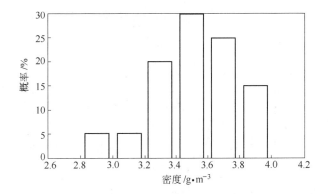

图 3-56 热渣密度分布直方图

将下滑力和抗滑力的计算公式式(3-27)及式(3-28)带入上式,化简得:

$$g(X) = \gamma h \left(5 + \frac{H}{\cos \zeta} \right) + p + \left(\frac{1}{2} \gamma_s H^2 N + pHM + \frac{Cv^2}{gR} L \right) \left[\sin(\varphi_0 - \zeta) - \frac{\cos(\zeta - \varphi_0)}{\tan \varphi_1} \right]$$

$$(3-89)$$

3.5.4.2　边坡稳定可靠度计算

现有边坡多数垂高约15m,首先取边坡垂高15m时进行计算。将各参数及土压力系数 M、N、L 带入式(3-89),计算后有:

$$g(X) = 287.3\gamma h - 391.4 \qquad (3-90)$$

考虑到热渣铺设厚度的概率分布与热渣密度的概率分布是两个相互独立的随机变量,则可靠度计算公式为:

$$P_{\mathrm{f}} = P(g(X) < 0) = \iint_{g(X)<0} f_\gamma(\gamma)f_h(h)\mathrm{d}\gamma\mathrm{d}h \qquad (3-91)$$

式中，$f_h(h)$ 为热渣厚度为 h 的概率密度函数；$f_\gamma(\gamma)$ 为热渣密度为 γ 的概率密度函数。

在此，不必研究 $f_h(h)$ 和 $f_\gamma(\gamma)$ 的具体分布形式，直接根据现场的资料统计，用数值积分进行可靠度计算。这种计算方法不必对随机变量的分布形式做数学上的近似处理，故可以减小由此带来的误差，与其他简化的近似计算方法相比可获得较高的精度。

设 $F_\gamma(\gamma)$ 为随机变量 γ 的分布函数：

$$F_\gamma(\gamma) = \int_{-\infty}^{\gamma} f_\gamma(\gamma) \qquad (3-92)$$

γ 的分布函数如图 3-57 所示。

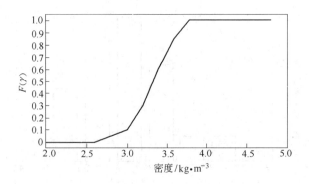

图 3-57　随机变量 γ 的分布函数图

$F_\gamma(\gamma)$ 的取值可由表 3-18 给出。

表 3-18　随机变量 γ 的分布函数值

γ	2.6	2.8	3.0	3.2	3.4	3.6	3.8	4.0
分布函数值	0.00	0.00	0.05	0.10	0.30	0.60	0.85	1.00

对式（3-91）在积分区域 $g(X) < 0$ 上进行积分：

$$P_{\mathrm{f}} = \int_{-\infty}^{+\infty} F_\gamma(391.4/287.3h)f_h(h)\mathrm{d}h \qquad (3-93)$$

由数值积分理论的分析可以知道复合 Simpson 公式计算简单，容易在计算机上进行编程计算处理，且具有较高的代数精确度，因此，选用复合 Simpson 公式计算上式的积分。

取 $n=4$，在区间 $[0.05, 0.85]$ 上，节点间距 $s=0.1$。利用复合 Simpson 求积公式对上式积分有：

$$P_f \approx \frac{s}{3} \Big[F_\gamma(391.4/287.3a) f_h(a) + 4 \sum_{i=1}^{n} F_\gamma(391.4/287.3h_{2i-1}) f_h(h_{2i-1}) + $$

$$2 \sum_{i=1}^{n-1} F_\gamma(391.4/287.3h_{2i}) f_h(h_{2i}) + F_\gamma(391.4/287.3b) f_h(b) \Big]$$

$$i = (1, \cdots, n) \qquad\qquad (3-94)$$

$F_\gamma(h)$ 在各节点的值由插值法求得。n 次 Newton 插值多项式表示为：

$$N_n(x) = f[x_0] + f[x_0, x_1](x - x_0) + f[x_0, x_1, x_2](x - x_0)(x - x_1) + $$

$$f[x_0, x_1, \cdots, x_n](x - x_0)(x - x_1) \cdots (x - x_{n-1}) \qquad (3-95)$$

式中 $f[x_0]$ ——函数 $f(x)$ 关于点 x_0 的零阶均差；

         $f[x_0, x_1]$ ——函数 $f(x)$ 关于点 x_0, x_1 的一阶均差；

     $f[x_0, x_1, x_2]$ ——函数 $f(x)$ 关于点 x_0, x_1, x_2 的二阶均差；

$f[x_0, x_1, \cdots, x_n]$ ——函数 $f(x)$ 关于点 x_0, x_1, $\cdots$, x_n 的 n 阶均差。

采用分段插值方法可以有效避免高次插值产生的 Runge 现象。在每个小区间上的分段二次抛物线插值公式为：

$$f_{2,i}(x) = f(x_i) + f[x_i, x_{i+1}](x - x_i) + f[x_i, x_{i+1}, x_{i+2}](x - x_i)(x - x_{i+1})$$

$$(3-96)$$

其中 $f[x_i, x_{i+1}]$ 为函数 $f(x)$ 在基点 x_i, x_{i+1} 的一阶均差，即：

$$f[x_i, x_{i+1}] = \frac{f(x_{i+1}) - f(x_i)}{x_{i+1} - x_i} \qquad\qquad (3-97)$$

$f[x_i, x_{i+1}, x_{i+2}]$ 为函数 $f(x)$ 在基点 x_i, x_{i+1}, x_{i+2} 的二阶均差，即：

$$f[x_i, x_{i+1}, x_{i+2}] = \frac{f[x_{i+1}, x_{i+2}] - f[x_i, x_{i+1}]}{x_{i+2} - x_i} \qquad (3-98)$$

对于本次计算的函数 F_γ，节点是等距离节点，步长为 0.2，则二次抛物线插值公式为：

$$F_\gamma(x) = f(x_i) + \Big[\frac{f(x_{i+1}) - f(x_i)}{0.2} + \frac{f(x_{i+2}) + f(x_i) - 2f(x_{i+1})}{0.08}(x - x_{i+1}) \Big](x - x_i)$$

$$(3-99)$$

这样，采用二次抛物线分段插值法计算，$F_\gamma(h)$ 在各个节点的数值计算结果见表 3-19。然后，用 MATLAB 对式(3-94)计算求解得，失效概率 $P_f = 0.057$。

表 3-19 $F_\gamma(h)$ 在节点的计算结果表

h	0.05	0.15	0.25	0.35	0.45
$F_\gamma(h)$	1	1	1	0.98	0.13
h	0.55	0.65	0.75	0.85	
$F_\gamma(h)$	0.01	0	0	0	

按照上述方法写 MATLAB 程序,计算热渣不同平均厚度的失效概率,见表 3 – 20。

表 3 – 20　不同热渣平均厚度的失效概率计算表

平均厚度/m	0.20	0.25	0.30	0.35	0.40
失效概率/%	0.0998	0.0830	0.0689	0.0619	0.0547
平均厚度/m	0.45	0.50	0.55	0.60	
失效概率/%	0.0432	0.0315	0.0218	0.0141	

热渣厚度的平均值 $\bar{h}$ 和失效概率 P_f 的关系曲线见图 3 – 58。

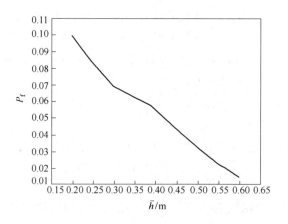

图 3 – 58　热渣平均厚度 – 失效概率曲线

张悼元将边坡稳定状况分为五种状况,即:稳定、基本稳定、欠稳定、稳定性差、不稳定,其破坏概率与稳定状况的关系见表 3 – 21。

表 3 – 21　稳定状况与破坏概率的对应关系

稳定状况	稳定	基本稳定	欠稳定	稳定性差	不稳定
破坏概率/%	<5	5 ~ 30	30 ~ 60	60 ~ 90	>90

根据上面的计算结果,在边坡失稳概率为 5% 时,热渣厚度的平均值 $\bar{h} = 0.42\text{m}$。

3.5.4.3　不同垂高的边坡稳定可靠度计算

同理,可计算边坡高度分别为 20m 和 25m 时的失效概率。

A　边坡高度为 20m 时不同坡面热渣厚度下的失效概率

边坡失稳的功能函数仍为式(3 – 89),这样,在 $H = 20\text{m}$ 时,将土压力系数 M、

N、L 代入式(3-89),计算功能函数为:

$$g(X) = 375.0\gamma h - 714.7 \qquad (3-100)$$

则由可靠度计算公式和复合 Simpson 公式进行积分计算,失效概率 P_f 的计算公式为:

$$P_f = \int_{-\infty}^{+\infty} F_\gamma(714.7/375.0h) f_h(h) \, \mathrm{d}h$$

$$\approx \frac{s}{3} \Big[F_\gamma(714.7/375.0a) f_h(a) + 4\sum_{i=1}^{n} F_\gamma(714.7/375.0h_{2i-1}) f_h(h_{2i-1}) +$$

$$2\sum_{i=1}^{n-1} F_\gamma(714.7/375.0h_{2i}) f_h(h_{2i}) + F_\gamma(714.7/375.0b) f_h(b) \Big] \quad (3-101)$$

$F_\gamma(h)$ 在各节点的值仍由二次 Newton 插值法计算。

按照上述方法编写 MATLAB 程序,失效概率计算结果见表3-22。

表 3-22 坡高20m 时不同热渣平均厚度的失效概率计算表

平均厚度/m	0.35	0.40	0.45	0.50	0.55
失效概率/%	0.0991	0.0872	0.0735	0.0644	0.0579
平均厚度/m	0.60	0.65	0.70	0.75	
失效概率/%	0.0468	0.0351	0.0248	0.0166	

在边坡失稳概率为5%时,热渣厚度的平均值 $\bar{h} = 0.59\mathrm{m}$。

B 边坡高度为25m 时不同坡面热渣厚度下的失效概率

边坡高度 $H = 25\mathrm{m}$ 时的计算功能函数为:

$$g(X) = 462.6\gamma h - 1110.6 \qquad (3-102)$$

此时,失效概率 P_f 的计算公式为:

$$P_f = \int_{-\infty}^{+\infty} F_\gamma(1110.6/462.6h) f_h(h) \, \mathrm{d}h$$

$$\approx \frac{s}{3} \Big[F_\gamma(1110.6/462.6a) f_h(a) + 4\sum_{i=1}^{n} F_\gamma(1110.6/462.6h_{2i-1}) f_h(h_{2i-1}) +$$

$$2\sum_{i=1}^{n-1} F_\gamma(1110.6/462.6h_{2i}) f_h(h_{2i}) + F_\gamma(1110.6/462.6b) f_h(b) \Big] \quad (3-103)$$

同理,计算失效概率,计算结果见表3-23。

表 3-23 坡高25m 时不同热渣平均厚度的失效概率计算表

平均厚度/m	0.40	0.45	0.50	0.55	0.60
失效概率/%	0.1029	0.1019	0.0969	0.0863	0.0742
平均厚度/m	0.65	0.70	0.75	0.80	0.85
失效概率/%	0.0651	0.0567	0.0463	0.0351	0.0251

在边坡失稳概率为 5% 时，热渣厚度的平均值 $\bar{h} = 0.73\text{m}$。

由上面的分析可以看出，使用数值积分方法计算可靠度不必事先假定随机变量的分布形式，并且不用求解计算功能函数的一阶导数或二阶导数，适用范围较广，计算精度较高。但此方法也有不足之处，其计算工作量比较大，对于四维以上的高维积分采用数值积分难度较大。而且，对于非独立随机变量，还需根据变量相关情况采用特殊的模型进行处理，在模型选取方面较为困难。

3.5.5   可靠度计算结论

直接积分方法计算可靠度仍是一个主要的发展方向，但关于该方法的工程算例却很少。根据渣场材料的实际情况，将热渣厚度和热渣密度视为随机变量，利用可靠度理论，从计算数学的角度进行直接积分可靠度计算。

（1）将数值积分中复合 Simpson 公式与插值法相结合，应用于直接积分可靠度计算方法，计算了边坡的失效概率 P_f。

（2）采用数值积分法计算可靠度可以处理失效状态函数为非线性的；对于非正态分布随机变量，不需要进行当量正态化或等概率映射变换为正态随机变量；也可以处理概率分布函数不存在显式的情况。因此，适用范围较广，计算精度较高。

（3）根据计算结果，在当前的概率分布下，渣场失效概率较低，热渣厚度平均值为 0.42m 时，失效概率为 5%。在热渣厚度平均值小于 0.28m 后，失效概率随热渣厚度的减小较快增大。

3.6   现场试验及应用研究

3.6.1   现场加载试验

岩土工程中，实验室测得的小岩土试块的试验数据与现场的大面积岩土体的参数总是有些差别，通过现场试验可获得更为真实的数据。根据计算结果，在现场准备了 50m 长的试验场地，于 2006 年 8 月 20～24 日在现场进行了静载试验。试验委托甘肃水文地质工程地质勘察院承担。

（1）场地工程地质概况。渣场的材料主要由水渣和热渣组成。水渣在边坡上倾倒，然后在水渣外倾倒熔融的热渣，覆盖在水渣上，最后形成一个坚硬的硬壳。渣场路基边坡角度 34°，渣场路基垂高 15m，坡顶热渣厚度 0.9m，边坡热渣厚度平均在 0.35m 左右。选取的试验场地见图 3－59。

水渣由颗粒组成，粒度在 0.15～5mm 左右，水渣天然密度 γ 为 2100kg/m^3，内摩擦角 φ 为 35.8°，直剪黏聚力 c 为 23kPa，压缩模量为 60～456MPa。

热渣由初始的熔融状态经冷却后形成层状整体，热渣天然密度 $\gamma = 4115\text{kg/}$m^3，内摩擦角 $\varphi = 50.26°$，弹性模量 $E = 50.67\text{GPa}$，单轴抗压强度 99.51MPa，

图 3 - 59　选取的试验场地

泊松比 $\mu = 0.238$，黏聚力 c 为 22MPa。

（2）试验要求。委托方对渣场铁路路基静载荷试验要求的主要内容为：

渣场铁路路基加载不小于 35t，承载力特征值 $f_{ak} \geqslant 150$kPa。

（3）试验依据、标准。试验依据：《建筑地基基础设计规范》（GB 50007—2002）；《铁路路基设计规范》（TB 10001—2005）；《岩土工程勘察规范》（GB 50021—2001）；其他相关技术资料。

（4）试验标准。试验采用分级维持荷载沉降的相对稳定法（慢速常规法），试验加荷大于设计值的 2 倍（或 $s/d = 0.06$）。试验当在连续 2h 内每小时的沉降量小于 0.1mm 时，为本级荷载下沉降稳定，加下一级荷载。

（5）试验内容。本次试验为测试渣场（试验段）路基承载力；试验点位由委托方指定，共布置试验点三个，渣场路基试验段总长约 45m，试验点位于坡顶，试验点间距 15m。

（6）试验方法。载荷试验采用工字钢搭设堆载平台、配重堆积提供反力，千斤顶加荷。沉降通过承压板两边对称架设的机械式 50mm 百分表测量，百分表均用磁性表座固定于由角钢构成的基准梁上，如图 3 - 60 所示。

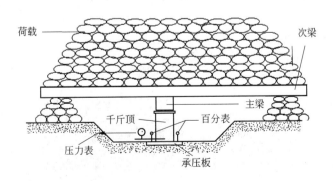

图 3 - 60　静载荷试验示意图

静载荷试验刚性承压板采用圆形，承压板直径 1.26m，面积 1.247m²。试验最大加载压力为 400kN。

试验装置及设备见图 3-61~图 3-64。

图 3-61   主梁及辅梁安装

图 3-62   承压板及油压千斤顶

图 3-63   堆载

图 3 - 64 下部加载油压表及位移读数百分表

（7）试验结果。经过现场的逐级加载试验，最终结果见表 3 - 24。

表 3 - 24 静载荷试验结果

试验点编号	承压板面积/m²	试验起止时间	s/d = 0.01 对应的压力/kPa	终止荷载/kPa	路基承载力特征值/kPa	变形模量 E_0/MPa
1 号	1.246	8.19 ~ 8.20	283	321	160	26
2 号	1.246	8.21 ~ 8.22	—	321	160	56
3 号	1.246	8.22 ~ 8.23	284	321	160	26

综合分析试验曲线、数据，渣场铁路路基（试验段），路基破坏形式为渐进破坏，试验点路基沉降变形均未达到极限破坏状态；路基承载力特征值 f_{ak} 的平均值为 160 kPa，变形模量 E_0 取值为 26.0MPa。

（8）试验结论。渣场铁路路基（试验段），通过静载荷试验测试，铁路路基承载力特征值 f_{ak} = 160kPa，变形模量 E_0 = 26.0MPa。试验曲线及汇总图表见图 3 - 65 ~ 图 3 - 76。

由试验结果的 $p - s$ 曲线可以看出，在加载后期曲线基本上是线性变化的；由 $s - \lg t$ 曲线可以看出，在每一级加载时，加载后的位移基本不随时间的变化而变化，说明路基处于弹性变形状态，没有发生塑性破坏，也没有蠕变现象。

在卸载时，位移只有少量的恢复，卸载回弹的位移较小。这主要因为热渣在冷凝过程中产生了大量的裂隙，见图 3 - 77 及图 3 - 78。裂隙在加载时逐渐被压实，使得上部产生了较大的位移。在卸载时，许多被压实的裂隙无法恢复，造成了卸载后回弹量较小。因此，加载后的位移主要是因为废渣裂隙被压实，边坡变形引起的位移较小，边坡处于稳定状态。

单桩竖向静载试验汇总表

工程名称：金川集团有限公司渣场铁路路基静载荷试验　　　　试验点号：1 号

测试日期：2006 - 08 - 19　　　　压板面积：1.246　　　　置换率：

序号	荷载/kPa	历时/min		沉降/mm	
		本级	累计	本级	累计
0	0	0	0	0.00	0.00
1	64	120	120	3.24	3.24
2	96	120	240	1.11	4.35
3	128	120	360	1.15	5.50
4	160	120	480	1.21	6.71
5	193	120	600	1.46	8.17
6	225	120	720	1.40	9.57
7	257	120	840	1.70	11.27
8	289	120	960	1.64	12.91
9	321	120	1080	1.84	14.75
10	257	60	1140	- 0.03	14.72
11	193	60	1200	- 0.39	14.33
12	128	60	1260	- 0.89	13.44
13	64	60	1320	- 2.99	10.45
14	0	240	1560	- 5.28	5.17

最大沉降量：14.75mm　　　　最大回弹量：9.58mm　　　　回弹率：64.95%

图 3 - 65　试验点 1 的数据图

工程名称：金川集团有限公司渣场铁路路基静载荷试验						试验点号：1号			
测试日期：2006 - 08 - 19		压板面积：1.246				置换率：			
荷载/kPa	0	64	96	128	160	193	225	257	289	321
累计沉降/mm	0.00	3.24	4.35	5.50	6.71	8.17	9.57	11.27	12.91	14.75

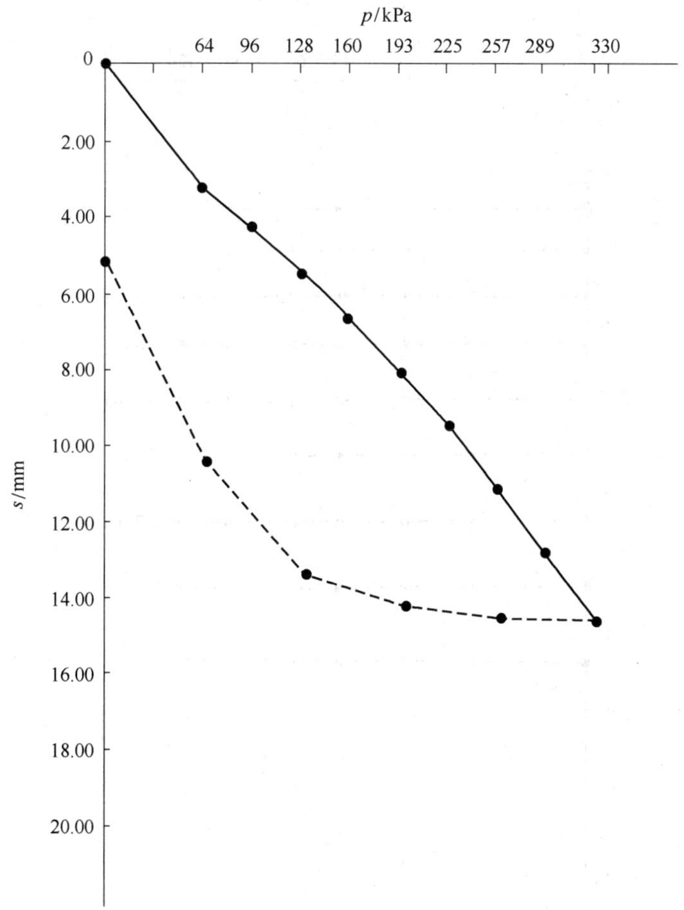

图 3 - 66　试验点 1 的 $p - s$ 曲线

工程名称：金川集团有限公司渣场铁路路基静载荷试验					试验点号：1 号				
测试日期：2006 – 08 – 19			压板面积：1.246			置换率：			
荷载/kPa	0	64	96	128	160	193	225	257	289	321
累计沉降/mm	0.00	3.24	4.35	5.50	6.71	8.17	9.57	11.27	12.91	14.75

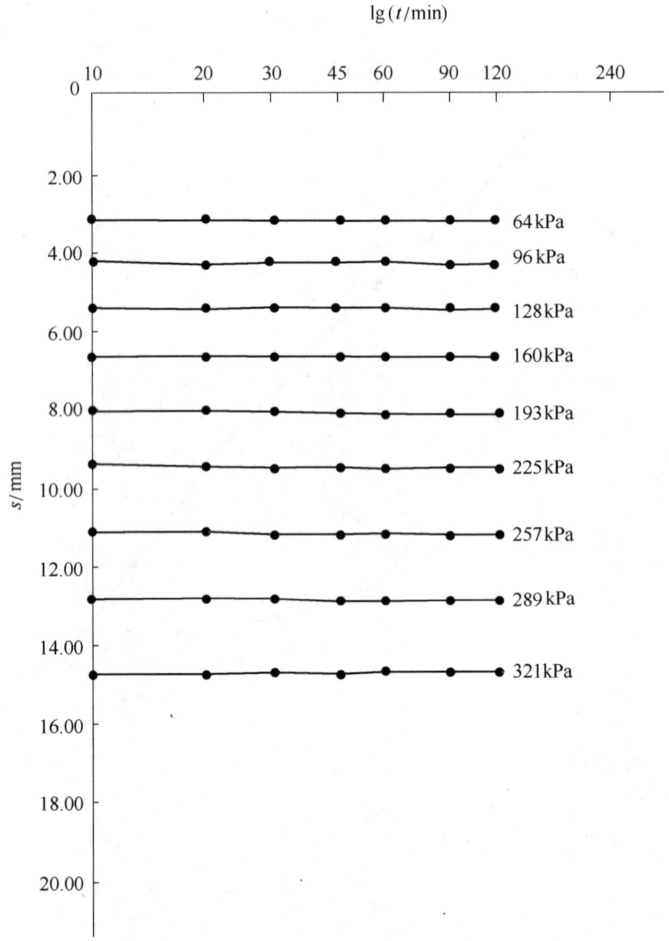

图 3 – 67　试验点 1 的 s – lgt 曲线

工程名称：金川集团有限公司渣场铁路路基静载荷试验						试验点号：1 号			
测试日期：2006 - 08 - 19		压板面积：1.246				置换率：			
荷载/kPa	0	64	96	128	160	193	225	257	289	321
累计沉降/mm	0.00	3.24	4.35	5.50	6.71	8.17	9.57	11.27	12.91	14.75

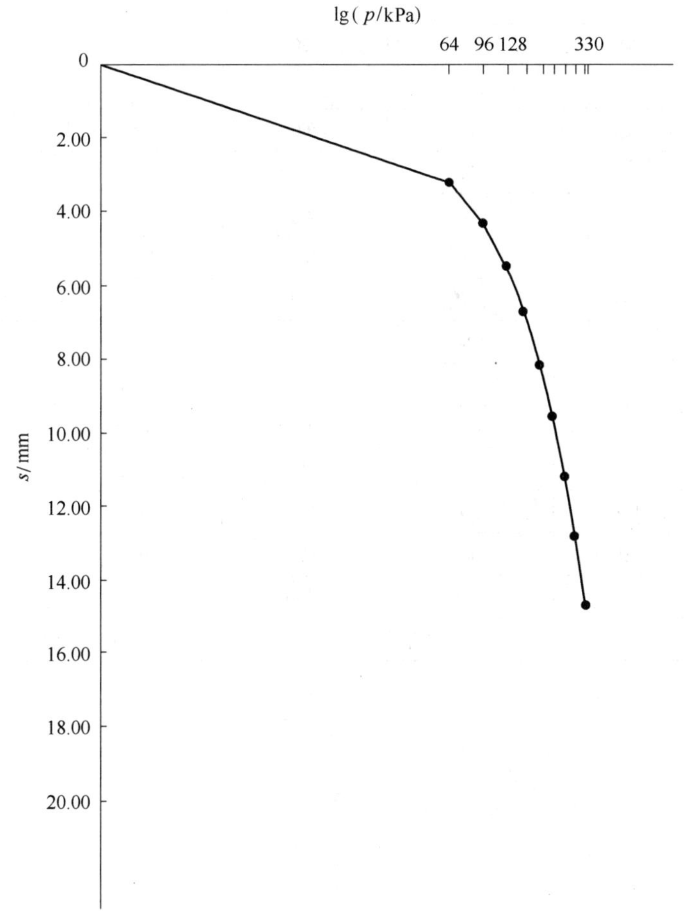

图 3 - 68 试验点 1 的 $s - \lg p$ 曲线

单桩竖向静载试验汇总表

工程名称：金川集团有限公司渣场铁路路基静载荷试验　　　　试验点号：2 号

测试日期：2006 - 08 - 21　　　　压板面积：1.246　　　　置换率：

序号	荷载/kPa	历时/min		沉降/mm	
		本级	累计	本级	累计
0	0	0	0	0.00	0.00
1	64	120	120	0.36	0.36
2	96	120	240	0.27	0.63
3	128	120	360	0.55	1.18
4	160	120	480	0.59	1.77
5	193	120	600	0.74	2.51
6	225	120	720	0.92	3.43
7	257	120	840	1.25	4.68
8	289	120	960	1.36	6.04
9	321	120	1080	1.64	7.68
10	257	60	1140	− 0.09	7.59
11	193	60	1200	− 0.12	7.47
12	128	60	1260	− 0.11	7.36
13	64	60	1320	− 0.35	7.01
14	0	240	1560	− 2.24	4.77

最大沉降量：7.68mm　　　　最大回弹量：2.91mm　　　　回弹率：37.89%

图 3 - 69　试验点 2 的数据图

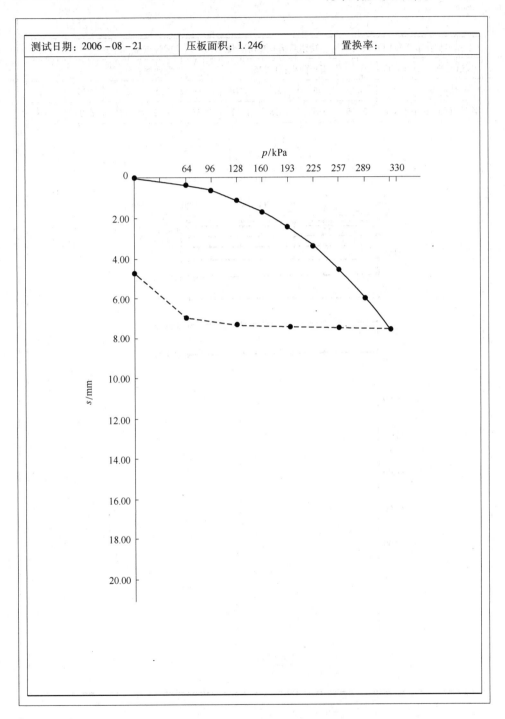

测试日期：2006 - 08 - 21	压板面积：1.246	置换率：

图 3 - 70　试验点 2 的 $p - s$ 曲线

工程名称：金川集团有限公司渣场铁路路基静载荷试验						试验点号：2 号			
测试日期：2006 – 08 – 21		压板面积：1.246				置换率：			
荷载/kPa	0	64	96	128	160	193	225	257	289	321
累计沉降/mm	0.00	0.36	0.63	1.18	1.77	2.51	3.43	4.68	6.04	7.68

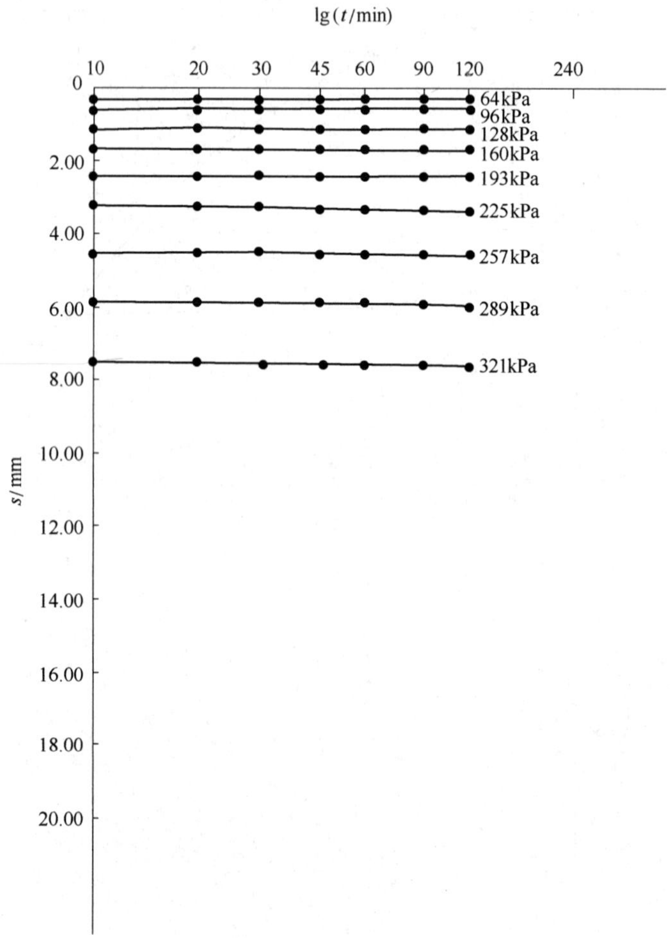

图 3 – 71   试验点 2 的 s – $\lg t$ 曲线

工程名称：金川集团有限公司渣场铁路路基静载荷试验						试验点号：2 号			
测试日期：2006 - 08 - 21		压板面积：1.246				置换率：			
荷载/kPa	0	64	96	128	160	193	225	257	289	321
累计沉降/mm	0.00	0.36	0.63	1.18	1.77	2.51	3.43	4.68	6.04	7.68

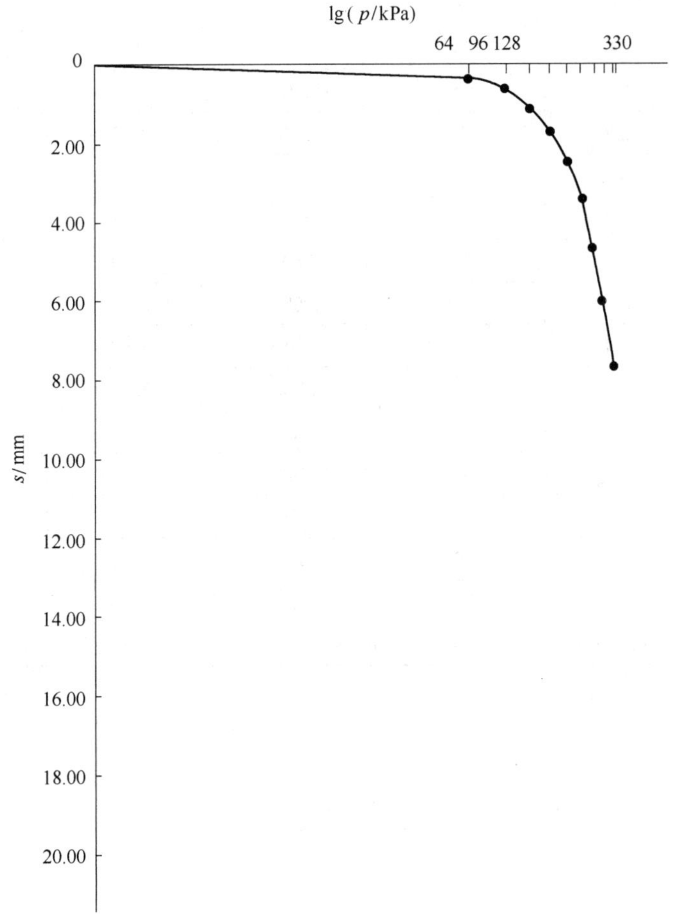

图 3 - 72　试验点 2 的 $s - \lg p$ 曲线

单桩竖向静载试验汇总表

工程名称：金川集团有限公司渣场铁路路基静载荷试验　　　　试验点号：3 号

测试日期：2006 - 08 - 22　　　　压板面积：1.246　　　　置换率：

序号	荷载/kPa	历时/min		沉降/mm	
		本级	累计	本级	累计
0	0	0	0	0.00	0.00
1	64	120	120	0.95	0.95
2	96	120	240	0.67	1.62
3	128	120	360	0.91	2.53
4	160	120	480	1.07	3.60
5	193	120	600	1.31	4.91
6	225	180	780	1.73	6.64
7	257	120	900	3.03	9.67
8	289	120	1020	3.50	13.17
9	321	120	1140	3.63	16.80
10	257	60	1200	- 0.08	16.72
11	193	60	1260	- 0.13	16.59
12	128	60	1320	- 0.31	16.28
13	64	60	1380	- 0.57	15.71
14	0	240	1620	- 2.65	13.06

最大沉降量：16.80mm　　　　最大回弹量：3.74mm　　　　回弹率：22.26%

图 3 - 73　试验点 3 的数据图

工程名称：金川集团有限公司渣场铁路路基静载荷试验						试验点号：3 号			
测试日期：2006 - 08 - 22		压板面积：1.246				置换率：			
荷载/kPa	0	64	96	128	160	193	225	257	289	321
累计沉降/mm	0.00	0.95	1.62	2.53	3.60	4.91	6.64	9.67	13.17	16.80

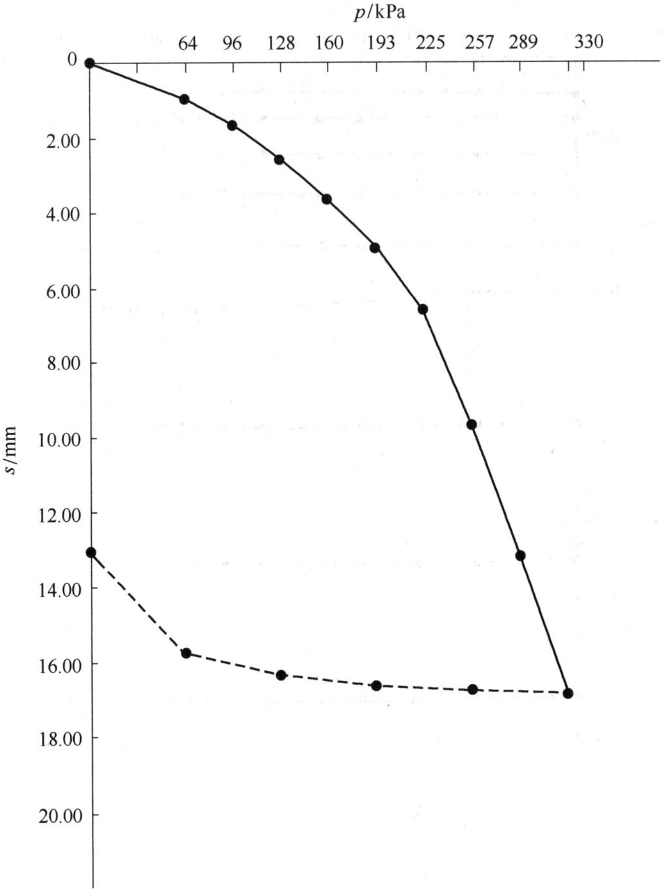

图 3 - 74　试验点 3 的 p - s 曲线

工程名称：金川集团有限公司渣场铁路路基静载荷试验						试验点号：3 号			
测试日期：2006 – 08 – 22		压板面积：1.246				置换率：			
荷载/kPa	0	64	96	128	160	193	225	257	289	321
累计沉降/mm	0.00	0.95	1.62	2.53	3.60	4.91	6.64	9.67	13.17	16.80

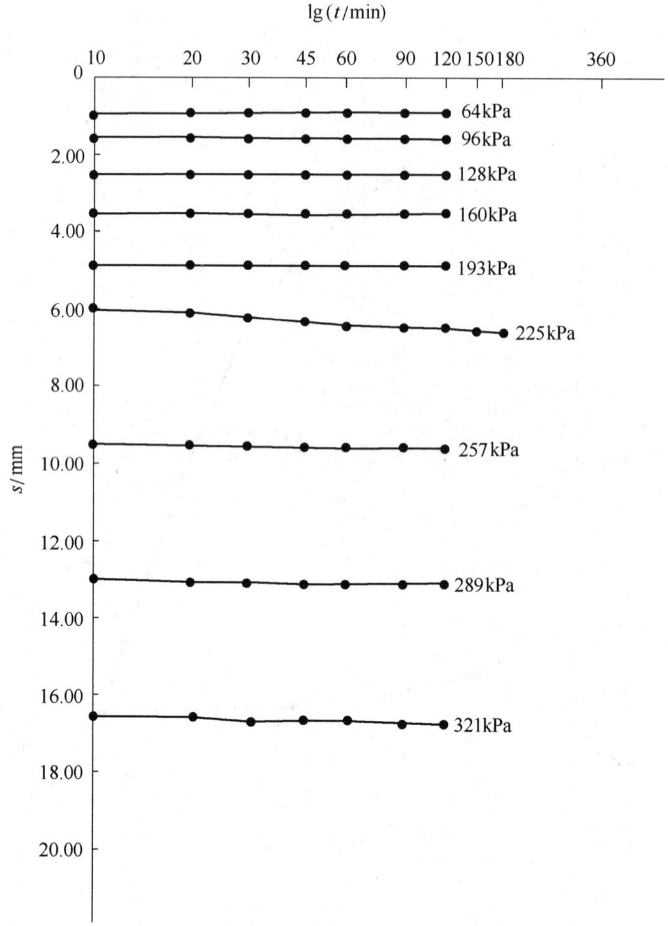

图 3 – 75　试验点 3 的 s – lg$t$ 曲线

工程名称：金川集团有限公司渣场铁路路基静载荷试验						试验点号：3 号			
测试日期：2006 – 08 – 22			压板面积：1.246			置换率：			
荷载/kPa	0	64	96	128	160	193	225	257	289	321
累计沉降/mm	0.00	0.95	1.62	2.53	3.60	4.91	6.64	9.67	13.17	16.80

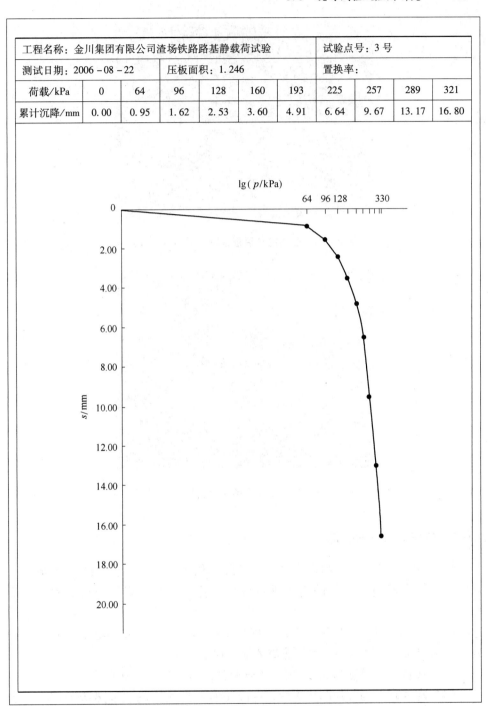

图 3 – 76   试验点 3 的 s – lgp 曲线

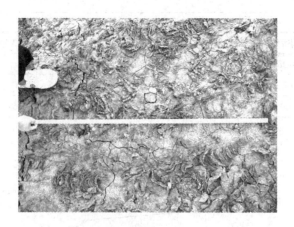

图 3 - 77　热渣冷却后形成的裂隙（示例 1）

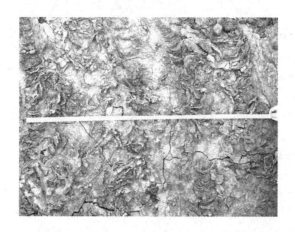

图 3 - 78　热渣冷却后形成的裂隙（示例 2）

3.6.2　渣场排渣方案确定

根据现场的排渣工艺和公司的规划情况，热渣要全部包裹水渣进行排放，所以针对热渣全部包裹水渣的情况进行分析计算，并结合现场加载试验，结论如下：

（1）无热渣自然堆积状态下，上部行走火车进行下一步排渣时，渣场边坡处于不稳定状态，所以必须铺设热渣才能确保渣场稳定。

（2）边坡热渣厚度为 0.5m 时，上部热渣厚度不应小于 0.9m。

（3）在铁路下局部加厚热渣后，保障正常安全运行的边坡热渣厚度不小于 0.4m，路肩宽度为 0.4m。

（4）渣场热渣的平均厚度不小于 0.42m 时，失效概率为不大于 5%。

（5）在边坡热渣厚度为0.35m，坡顶热渣厚度不小于0.9m时，坡顶倾斜变形较小，不会超过允许变形值。

（6）从现场加载试验可以看出，在边坡热渣厚度超过0.35m，坡顶热渣厚度不小于0.9m时，边坡变形引起的位移较小，边坡处于稳定状态。

综合以上分析计算，结合可靠度计算结果和现场试验，设计如下渣场排渣工艺方案：

方案1：坡面铺设0.5m厚热渣，坡顶热渣厚度为0.9m，路肩宽度不小于0.2m。此时热渣与水渣的比为1∶2.67（体积比为1∶4），见图3-79。

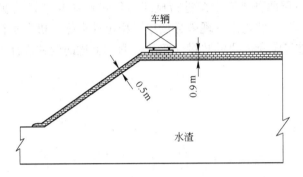

图3-79　热渣布置图（方案1）

方案2：在热渣与水渣的比更小的情况下，坡面铺设0.42m厚热渣，将坡顶热渣厚度减小，但是要在铁轨路基开挖深1.1m、宽2.5m的沟槽，截留部分热渣，以增加局部厚度，保证铁轨下热渣的厚度不小于1.1m。这样热渣与水渣的比为1∶3.4（体积比为1∶5.1），见图3-80。

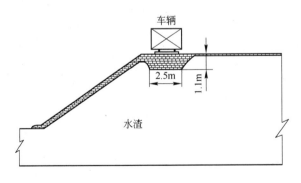

图3-80　热渣布置图（方案2）

3.6.3　现场运行情况及试验结论

排渣方案确定后，在渣场选择两个不同地段，分别按照上述两个设计方案的结构参数进行排渣。然后分别在上部运行车辆，同时，观测热渣及铁路变形情况。经过几个月的现场实际运行，两种方案的边坡及路基均稳定，机车运行平稳，能够满足安全运行的要求。

对于渣场边坡，保证边坡稳定和机车运行安全平稳是排渣方案的设计根本。通过前一部分理论分析和计算，最后确定了渣场排渣方案，然后分别从加载试验和现场运行两个方面进行观察。结果显示：

（1）按照设计的排渣方案进行加载试验，渣场变形很小，未发生蠕变现象；在施加 400kN 以上荷载时渣场仍保持良好的线性变形，渣场承载力较高。

（2）分别按照两种排渣方案进行施工，经过现场几个月的实际运行，效果良好，铁路路基和边坡均未发现破坏变形，稳定性良好，机车运行平稳，热渣产量能够满足边坡稳定所需要的数量。实践证明，上述的两种设计方案是可行的。

4 排土场边坡

排土场（waste dump，spoil dump）又称废石场，是指矿山采矿排弃物集中排放的场所。排弃物一般包括腐殖表土、风化岩土、坚硬岩石以及混合岩土，有时也包括可能回收的表外矿、贫矿等。并且在排土场中，散体物料有明显的粒径分级。散体物料的尺寸相差悬殊是排土场区别于土质边坡的最重要特征之一，见图4-1。排土场堆积散体的粒度组成是由排土工艺及岩石在开挖后受原生节理的切割、生产爆破的破碎、岩块经坡面运动后大小块度的岩石自然分级所决定的，这样使得排土场上、下各部位堆积散体的粒度分布呈一定的规律性。散体土石料在排弃一定高度后，易形成分层，其分层作用十分明显，分层作用包含两方面含义：一是水平分层，即排弃过程中按块度自然分级，即块度粒径不同的散体土石料自高处落下，大块沿坡面滚至边坡下部，而细粒、小块留在上部；二是倾斜分层，由于散体土石料强度不同，加之排土强度的不均衡性，则会形成排弃散体的倾斜分层，尤其是采用混排时，在排土场由较坚硬废石组成的坡面上排放了薄薄的一层细土。实际上，排土场堆积散体的岩土力学性质主要由其自身的岩土成分和块度大小决定，进而影响排土场的边坡稳定性。

图 4-1　露天矿排土场边坡

4.1　概述

排土场有露天开采的排土场和地下开采的排土场，以露天开采的排土场为主。露天开采中剥离物的排弃是露天矿生产工序的重要组成部分。排土场一般占全矿用地面积的 39%~55%，为露天采场的 2~3 倍。排土场可能破坏当地的自然景色和生态平衡，污染周围环境。在露天开采发展迅速的今天，排土工程仍然是露天矿生产的薄弱环节，排土场占地及其与环境保护的矛盾日趋突出，为弥补其不足，提高设计水平，达到安全堆存矿山剥离物和保护环境的目的，并使矿山排土场规范化，使其符合安全性、合理性、经济性、可操作性要求，国家有关部门制定了一些关于排土场的标准。包括：《有色金属矿山排土场设计规范》GB 50421—2007、国家标准《冶金矿山排土场设计规范》、《金属非金属矿山排土场安全生产规则》AQ 2005—2005。

排土场可根据多项特征分类。根据设置地点分为：内部排弃场和外部排土场；根据排土场地形可分为：平地排土场和山地排土场；根据服务时间可分为：临时排土场和永久排土场；按照分层（阶段）数量可分为：单层排土场和多层排土场；按照废弃物运输方式分为：铁路排土场、汽车排土场、胶带机排土场、水力排土场和人造山。

排土场的构成要素如图 4-2 以及表 4-1 所示。

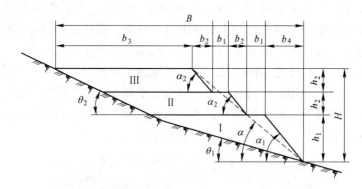

图 4-2 排土场构成要素图

表 4-1 排土场构成要素表

序 号	要素名称	符 号	类 型	
			单阶段	多阶段
1	地基坡度/(°)	θ	θ_1, θ_2	θ_1, θ_2
2	阶段数/层	N	$N = 1$	N
3	阶段高度/m	h_n	h_1	$h_1, h_2, \cdots$
4	总高度/m	H	$H = h_1$	$H = h_1 + (N-1)h_2$
5	安全平台宽/m	b_1	$b_1 = 0$	b_1
6	阶段边坡角/(°)	α_n	α_1	$\alpha_1, \alpha_2, \cdots$
7	总边坡角/(°)	α	$\alpha = \alpha_1$	α
8	占地面积/m²	S	S	S
9	总容积/m³	V		

另外一类排土场地是人造山。人造山的特点是利用空间扩大排弃场地容积，减少占地面积。适用于平原地区的小型露天矿，就近无适合其他排弃方式场地的地下矿山及选矿（破碎）厂选出的块岩的排弃。主要有两种形式：（1）地面斜坡卷扬机提升的人造山，分为前卸式排弃和侧卸式排弃。前卸式排弃提升容器为翻斗矿车或箕斗，钢丝绳牵引容器沿地面轨道提升至端部卸车架向前倾翻排弃岩石；侧卸式排弃采用钢丝绳牵引V形矿车或双向侧卸矿车，沿地面轨道提升至端部用曲轨分别向两侧卸载，每次可提升2~3台矿车。地面斜坡卷扬机道的最大坡度：提升矿车时一般为18°~22°；提升箕斗时一般为20°~30°。（2）架空索道人造山，适用于运距较长且地形复杂的小型矿山以及选厂选出的块岩和干式尾矿的排弃。

近年来，随着"固废资源回收产业化"指导思想的深入，一些矿山开展了排土场矿石干选研究与实践，最大限度地利用排土场废弃资源。在铁矿石价格较低的时代，矿石边界品位较高，造成部分铁矿资源作为废石被排弃。在排土场中，混杂了可供回收利用的低品位矿石。随着选矿技术与资源经济的演变，人们逐渐认识到：提高矿山的资源利用率，节约保护有限的矿产资源，发展循环经济是解决资源短缺的有效途径之一。把这些固体废物看成"资源"，加以回收，并使之产业化，成为露天矿清洁生产的发展方向之一。近年来一些闭坑或接近闭坑的露天矿采用"再选—回填"生态重建技术回收矿石。

4.2 排土场"再选—回填"工艺稳定性研究

4.2.1 排土场"再选—回填"生态重建模式

（1）基本思路。该模式的基本思路是：首先，对排土场岩土进行干选，回收有价值的矿石，同时将表土与废石进行分离；其次，利用排土场干选后的废石回填露天采坑；然后，利用表土或干选后的细料集中对回填后的露天采坑和原来的排土场占地进行覆土；最后，建设成能符合农业用地标准的土地。

（2）该模式的适用条件为：

1）露天开采结束矿山，具备废弃的露天采坑。

2）拥有高于当地侵蚀基准面的排土场。

3）排土场岩土中含有一定有利用价值的物质。

（3）工艺流程。"再选—回填"生态重建模式的工艺流程如图4-3所示。

排土场开挖施工中还要严格按照由上向下、分台阶开挖的顺序。为更有效地利用排土场岩土中的矿产资源，多采用单一的磁滚轮干选流程对排土场岩土中的有价矿石进行回收，为控制大块，在给矿漏斗处设格筛。干选工艺如图4-4所示。

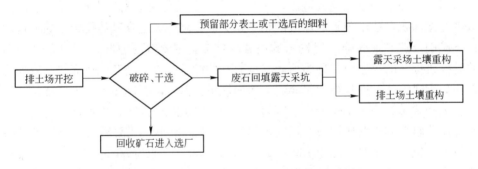

图 4 - 3 "再选—回填"生态重建模式工艺流程

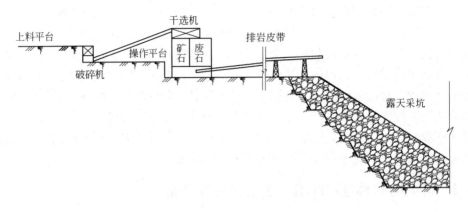

图 4 - 4　排土场干选工艺流程

4.2.2　排土场开挖稳定性研究

排土场"再选—回填"工艺中首先要进行排土场开挖。排土场开挖工艺是在松散的不均质岩土体上施工的，应首先考虑其边坡安全问题。分析排土场的稳定性是确定开采方式的必要前提。以唐山棒磨山铁矿为例进行开挖过程的稳定性分析。

棒磨山铁矿是河北钢铁集团矿业有限公司的一家老矿山单位，2009 年该矿原主体资源枯竭，露天开采闭坑。棒磨山铁矿矿山地形为北部略高，南部略低，棒磨山采区已于 2009 年结束开采，露天采场为凹陷露天，最低开采标高 −124m，封闭圈标高 68m，采场总出入沟位于采场南侧，北侧采场最高标高 91m，形成了 $2362 \times 10^4 m^3$ 的露天采坑，占地 490 亩（1 亩 = 666.67m²）。棒磨山铁矿拥有排土场 1 个，共计堆放岩土量 51780 kt，排土场最大堆置高度 64m，排土场占地面积 770 亩。排土场位于露天开采境界的西北方向。排土场东北部较低，最高标高为112m；西南部标高较高，最高标高130m；地表标高72m。采用汽车—推土机排土，排土场松散岩土自然安息角33°~38°。排土场底部基本接近露天境界边缘，采场西侧有主运输干线通往排土场最高处。

棒磨山排土场岩土的资源回收及治理的总体技术方案为：排土场开挖装运—破碎—皮带输送—干式磁选—充填露天采坑—排土场复垦。

4.2.2.1 排土场失稳破坏模式

一般的排土场可能产生的潜在滑裂破坏方式可概括归纳为以下三种，见图4-5。

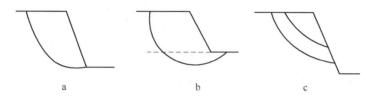

图4-5 排土场失稳模式

a—坡脚破坏；b—坡底破坏；c—坡面破坏

根据场地的工程地质条件不同，破坏方式也不同：（1）过坡脚的滑裂面，即滑裂面经过排土场填筑体与地基交界面过坡脚；（2）破坏滑裂面穿过排土场填筑体与地基交界面；（3）在排土场填筑体内产生滑裂面，即从坡面破裂滑出。

4.2.2.2 排土场稳定性分析

一般地，极限平衡条分法是受到广泛推荐使用的分析方法。其分析边坡稳定性的主要做法是：先假定若干可能的滑裂面，然后将滑裂面以上土体分成若干个垂直的土条，通过对作用于各土条上的力进行力、力矩的平衡分析，建立求解极限平衡状态下土体稳定的安全系数表达式，通过试算找出最危险滑裂面的位置及其相应的（最小的）安全系数。因此，采用极限平衡条分法进行边坡稳定分析需要以下两个步骤。

A 确定抗滑稳定性系数

对滑坡体内某一滑面按照所采用的极限平衡方法（如前面所述的各种计算方法），确定该滑面的抗滑稳定性系数。

利用 Mohr-Coulomb 准则，依据力、力矩的平衡来分析边坡稳定性。Mohr-Coulomb 破坏准则可以表示为下列形式：

$$f(\sigma_1, \sigma_3) = \frac{\sigma_1 - \sigma_3}{2} - \frac{\sigma_1 + \sigma_3}{2}\sin\varphi - c \cdot \cos\varphi = 0 \qquad (4-1)$$

对于破坏准则的理解，还可以从偏平面上考察破坏准则的基本特性。不同的破坏准则在偏平面上的图形也不相同。Mohr-Coulomb 破坏准则在偏平面上各个区域的变化图像（轨迹）可以绘制成图 4-6（线段）。

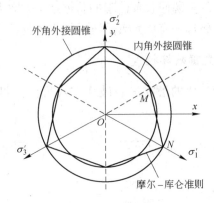

图 4-6 Mohr-Coulomb 破坏准则在偏平面上的轨迹

下面简要介绍瑞典圆弧滑动法和余推力法。

（1）瑞典圆弧滑动法假定滑裂面是圆弧状，且认为作用在土条侧向垂直面上的 E 和 X 的合力平行于土条底面。该方法采用力矩安全系数的定义，即把安全系数定义为每一土条在滑裂面上所能提供的抗滑力之和与外荷载及滑动土体在滑裂面上所产生的滑动力矩和之比。受力简图如图 4-7 所示。

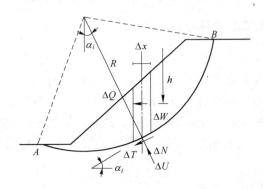

图 4-7 瑞典圆弧滑动法中条块受力分析图

安全系数的表达式为：

$$F = \frac{\sum_{i=1}^{n} \left[\Delta W(\cos\alpha_i - r_u \sec\alpha) - \Delta Q \sin\alpha \tan\phi' + c' \Delta x \sec\alpha \right]}{\sum_{i=1}^{n} (\Delta W \sin\alpha_i + \Delta Q R_d)} \qquad (4-2)$$

（2）传递系数法又称为余推力法，或称不平衡推力传递法。作为纳入建筑规范的一种方法，它在我国水利、交通和铁道部门滑坡稳定分析中得到了广泛的应用。传递系数法假定条块间推力方向与上条块滑动面平行，尽管只计力的平衡，但在无附加荷载情况下自动满足力矩平衡。该法简单实用，可考虑复杂形状的滑动面，并可获得任意形状滑动面在复杂荷载作用下的滑坡推力。传递系数法也是一种可依赖的工程实用方法。

定义边坡稳定安全系数为整个滑动面上抗滑力和滑动力的比值：

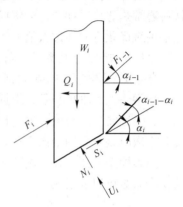

$$K = \sum_{i=1}^{n}(f_i N_i + c_i l_i) / \sum_{i=1}^{n} S_i \qquad (4-3)$$

式中　N_i——第 i 个滑动面上的法向力；

S_i——第 i 个滑动面上沿滑动方向的切向力；

f_i——摩擦系数；

c_i——黏聚力；

l_i——各条底边长。

用传递系数法分条计算时，各分条的受力情况如图 4-8 所示。

图 4-8　条块受力分析图

计算公式如下：

$$F_i = (W_i \sin\alpha_i + Q_i \cos\alpha_i) - \frac{c_i l_i + (W_i \cos\alpha_i - U_i - Q_i \sin\alpha_i)f_i}{K} + F_{i-1}\psi_{i-1}$$

$$(4-4)$$

其中　　　　　　　$$\psi_{i-1} = \cos(\alpha_{i-1} - \alpha_i) - \frac{f_i}{K}\sin(\alpha_{i-1} - \alpha_i)$$

式中　W_i——各分条质量；

Q_i——水平力；

α_i——各分条底边与水平线的夹角；

U_i——底部水压力；

F_i——不平衡推力。

求解边坡稳定安全系数常用的方法有两种：常规试算法及迭代解法。试算法求解边坡稳定安全系数是通过不断调整安全系数值，使滑动面出口点的不平衡下滑力为零来实现的。迭代法是假定边坡稳定安全系数的初值为 K，将滑动面出口点的不平衡下滑力为零作为已知条件代入公式进行计算，计算新的边坡稳定安全系数 K^*，比较 K 和 K^*，如果两者差值的绝对值小于一个非常接近于零的正数（取决于所要求的精度），则 K^* 为所要求的边坡稳定安全系数，输出，否则把

K^* 的值赋给 K 重复迭代计算。

　　B·寻找所有可能的滑动面

　　重复上述求解安全系数的步骤，找出所有滑面中安全系数最小的那个滑面，该滑面即为最危险滑动面，所对应的安全系数也就是最终所求边坡的安全系数。如果假设边坡的滑裂面曲线的数学形式为 $y = y(x)$，则求解最小安全系数的问题就具体变为寻找下列泛函的极值：$F = F(y)$。岩土工程中边坡的几何形状各异，材料通常是非均质性的，纯解析的变分原理很难进行极值计算。现在用得最多的就是用最优化方法通过数值方法求解，实践证明是可行的。

　　最优化方法是近代数学规划中十分活跃的一个领域，目前已经有许多十分成熟的计算方法，这些方法主要可以分为：数值分析方法、非数值分析方法、枚举法。

　　枚举法的基本思想是，根据一定的模式，比较不同自变量的目标函数，经过筛选，最终找到最小值，这是最原始的、最简单的方法，本文在寻找解边坡最小安全系数时就是采用的该方法。程序实现枚举法的基本思想如下：如图 4-9 所示，搜索模型简图，任一圆弧可用其圆心坐标 (x_0, y_0) 和半径 r 确定。其相应的安全系数可以表示成：

$$F = f(x_0, y_0, D_s) \qquad (4-5)$$
$$D_s = r + y_0$$

式中，D_s 为滑弧深度，即圆弧最低点的坐标。

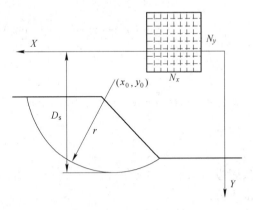

图 4-9　搜索模型简图

　　显然这是三个自由度的问题。采用枚举法，不断地改变 x_0，y_0 和 D_s 的数值，逐一比较相应的安全系数，最终找到最小的安全系数。具体操作如下：先固定一个 D_s，然后在圆心可能的位置中布置一个网格，如图 4-9 所示。设网格中心的坐标为 x_c 和 y_c，在左、右方向各布置了 N_x 个格，在上、下方向各布置了 N_y 个格，共计有 $(2N_x + 1) \cdot (2N_y + 1)$ 个网格点，分别以这些网格点为圆心，

以 D_s 为深度计算相应的安全系数,找出最小安全系数及相应的滑弧面。然后改变 D_s 值,进行同样的搜索。有一点值得注意的是,在搜索过程中,有可能出现在某些网格点上的圆弧不能和边坡相交的情况,此时可以令程序舍去这些网格点。同样 D_s 也是一个以中心值起算,在上、下各布置 N_d 个点,这样,在寻求最小安全系数过程中,共有 $(2N_x+1)\cdot(2N_y+1)\cdot(2N_d+1)$ 个圆弧要进行计算。

4.2.2.3 边坡稳定性分析计算

选择了两个典型剖面进行计算:在排土场东北部取一个剖面;西南部取一个剖面。

用 Slide 稳定性分析软件进行计算分析,其内置交互式稳定性分析程序。Slide 是一款评价坝体边坡安全系数或者失效概率的二维极限平衡程序,滑面可以是圆弧或者非圆弧形式。程序计算方法是基于竖直条分法极限平衡分析(例如,Bishop,Janbu,Spencer 等);对于给定边坡,可指定已知滑面或者驱动程序使之自动搜索滑面;可进行任意滑裂面的查看,并可进行单个滑面分析结果视图显示;可选用多种材料类型。

排土场所在位置属于水文地质条件简单的类型,排土场地下水不丰富,在本次计算中,没有考虑地下水对排土场边坡稳定性的影响,只考虑了部分大气降水对排土场的影响。

排土场东北部的剖面图如图 4-10 所示。

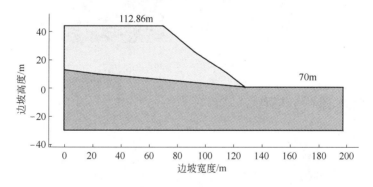

图 4-10 排土场东北部的剖面图

在排土场开挖时,如果由下部开挖,排土场下部开挖后的坡面角要大于介质原来的自然安息角,这势必会造成排土场下部坡面较陡。

类似的在排土场下部铲运矿岩后的坡面如图 4-11 及图 4-12 所示,装运场地形成了一些较陡的边坡。

如果在排土场没有设置平台,对排土场下部铲运矿岩后的边坡进行稳定性计

图4-11 下部开挖产生高陡边坡实例

图4-12 下部开挖后形成陡边坡

算，计算结果如图4-13所示。

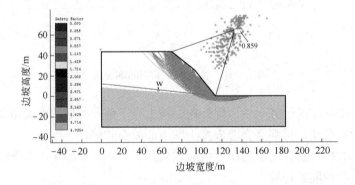

图4-13 排土场东北部稳定性计算结果图

由计算结果可知：在边坡下部进行铲运后，边坡稳定的安全系数有很大程度的降低，安全系数为0.859，已不能达到规程要求。

排土场西南部剖面图如图4-14所示。

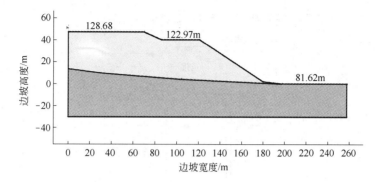

图4-14 排土场西南部剖面图

排土场西南部对下部铲运矿岩后的边坡进行稳定性计算，剖面计算结果见图4-15。

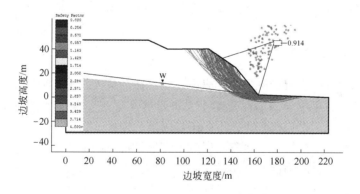

图4-15 排土场西南部稳定性计算结果图

由计算结果可知：在排土场西南部边坡下部进行铲运后，边坡稳定的安全系数同样有很大程度的降低，安全系数为0.914，同样不能够达到规程要求。

4.2.3 排土场开挖工艺及安全措施

4.2.3.1 开挖工艺

由计算结果可以看出，排土场开挖如果由下部直接开挖，则存在一些较危险的滑动面，其安全系数大大降低，不能满足规程要求，造成很大的安全隐患。并且如果排土场没有设置平台，或平台宽度过小，其安全系数计算结果也不能满足规程的要求，就会存在安全隐患，因此在排土场施工中还要严格按照由上向下、分台阶开挖的顺序，如图 4 – 16 所示。

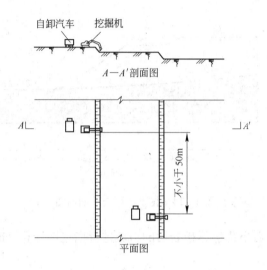

图 4 – 16   排土场开挖示意图

4.2.3.2   台阶高度确定

根据装岩设备确定台阶高度，应不大于机械的最大挖掘高度。露天矿开采的台阶高度越高，单位炸药消耗量越小，每米炮孔爆破量越大，而对于排土场开挖，直接采用反铲挖掘机装车，不必凿岩爆破，因此，台阶高度不宜过高，台阶高度过高不利于安全铲装，台阶高度应不超过挖掘机的最大挖掘高度。选用 2m³ 斗容的挖掘机，台阶高度不宜超过 10m，最小工作平台宽度不小于 30m。

4.2.3.3   安全技术措施

针对排土场开挖制定相应的安全技术措施如下：

（1）建立健全适合本单位排土场实际情况的规章制度，包括：排土场安全目标管理制度；排土场安全生产责任制度；排土场安全生产检查制度；排土场安全隐患治理制度；排土场抢险及险情报告制度；排土场安全技术措施实施计划；排土场安全技术规程；排土场安全事故调查、分析、报告、处理制度；排土场安全培训、教育制度；排土场安全评价制度等。

（2）必须坚持由上向下、分层台阶式开挖的顺序，台阶高度符合设计要求。

（3）坡顶线内侧 30m 范围内有大面积裂缝（缝宽 0.1 ~ 0.25m）或不正常下

沉（0.1~0.2m）时，汽车不应进入该危险作业区，应查明原因及时处理，方可恢复排土作业。

（4）排土场内外截洪沟及时疏通；雨季前详细检查排洪系统的安全情况。

（5）做好排土场下部排渗工作。

（6）处于地震烈度高于6度地区的排土场，应制定相应的防震和抗震的应急预案；地震后，应对排土场及排土场下游的堆石坝进行巡查和检测，及时修复和加固破坏部分，确保排土场及其设施的运行安全。

（7）坚持定期进行排土场监测，排土场在雨季应加强监测工作。

（8）任何人均不准在排土场作业区或排土场危险区内从事捡矿石、捡石材等活动。

（9）严格按照设计的排土场开挖方案进行施工，留设工作平台，平台宽度符合设计要求。

（10）山坡填方的弯道、坡度较大的填方地段以及高堤路基路段外侧应设置护栏、挡车墙等。

（11）工作面发现悬浮大块矿岩时，必须及时处理，处理时必须制定相应的安全措施。

5 边坡环境与植被绿化

5.1 边坡绿化的主要功能

边坡绿化就是在岩土边坡坡面上栽种适当的植物以保护坡面，防治水土流失，增加坡面稳定性。边坡绿化技术是集岩土工程学、植物学、土壤学、肥料学、高分子化学和环境生态学等学科于一体的综合工程技术。边坡绿化较工程防护有很多优点。坡面工程防护一般的措施是用灰浆，三合土等抹面防护；浆砌片石防护；喷浆、喷混凝土、喷混凝土加锚杆防护等。这些措施主要用来防止出现开挖边坡坡面的岩石风化剥落、碎落以及少量落石掉块等现象。如常用于风化岩层、破碎岩层及软硬岩相同的互层（如砂页岩互层、石灰岩页岩互层）的路堑边坡的坡面防护，用以保持坡面的稳定。其缺点在于不能恢复因开挖破坏了的植被，生态效果差。边坡绿化不但能达到上述工程防护的效果，而且还具有如下主要功能。

5.1.1 护坡功能

护坡功能主要通过植被的力学效应和水文效应来体现。

（1）植被的力学效应：

1）深根的锚固作用。植物的垂直根系穿过坡体浅层的松散风化层，锚固到深处较稳定的岩土层上，起到预应力锚杆的作用。禾草、豆科植物和小灌木在地下 0.75～1.5m 深处有明显的土壤加强作用，树木根系的锚固作用可影响到地下更深的岩土层。

2）浅根的加筋作用。植草的根系在土中错综盘结，使边坡土体成为土与草根的复合材料。草根可视为带预应力的三维加筋材料，使土体强度提高。

（2）植被的水文效应：

1）降低坡体孔隙水压力。降雨是诱发滑坡的重要因素之一，边坡的失稳与坡体水压力的大小有着密切的关系。植物通过吸收和蒸腾坡体内水分，降低土体的孔隙水压力，提高土体的抗剪强度，有利于边坡体的稳定。

2）降雨截留，削弱溅蚀。一部分降雨在到达坡面之前就被植被截留，以后重新蒸发到大气或下落到坡面。植被能拦截高速下落的雨滴，减少能量及土粒的飞溅。

3）控制土粒流失。地表径流带走已被滴溅分离的土粒，进一步可引起片蚀、沟蚀。植被能够抑制地表径流并削弱雨滴溅蚀，从而能控制土粒流失。

5.1.2 改善环境功能

边坡绿化改善环境的功能体现在：

（1）恢复被破坏的生态环境。边坡植被的存在为各种小动物、微生物的生存繁殖提供了有利的环境，完整的生物链逐渐形成，被破坏的环境也慢慢地恢复到原始的自然环境。

（2）降低噪声和光污染，保证行车安全。交通工程应用植被护坡，因植被能吸收刺耳的声音，多方位反射太阳光线及车辆光线，因此可降低噪声、强光对行人及司机的辐射干扰，大大减轻了大脑及眼睛的疲劳。根据北京园林科学研究所测定，20m 宽的草坪，可减少噪声 2dB。

（3）促进有机污染物的降解，净化大气，调节小气候。植物主要通过三种机制去除环境中的有机污染物，即植物直接吸收有机污染物，植物释放分泌物和酶刺激根区微生物的活性和生物转化作用，以及植物增强根区的矿化作用。植被通过光合作用吸收大气中的 CO_2，放出 O_2，能稀释、分解、吸收和固定大气中的有害有毒物质，并为植被生长所利用。

5.1.3 景观功能

边坡植被的组合配置应根据不同的地质状况、环境、气候条件，优选乔、灌、藤、花、草，将其有机地融入高速公路、铁路等工程边坡中，当车辆穿行于郁郁葱葱、生机盎然的绿色环境中时，在我们的视野内显示出立体的绿色画面，极大地改善了乘车环境。

5.2 排土场坡面植被环境重建技术

排土场边坡的生态恢复不仅需要进行土壤环境的重建，更需要进行植被环境的重建。土壤环境重建是植被环境重建的基础，为植被环境的重建提供条件。土壤是生态系统的基质与生物多样性的载体。因此，重建过程中首先要解决的问题是如何将废渣或废弃地上所形成的恶劣基质转变成植物能够生长的土壤。正如著名生态恢复专家 Bradshaw 所说："要想获得恢复、重建的成功，首先必须要解决土壤问题，否则是不可能成功的。"

5.2.1 土壤环境重建技术

目前主要的土壤环境重建技术包括：（1）土壤环境化学重建技术；（2）土壤环境植物修复技术；（3）微生物修复技术；（4）绿肥技术；（5）表土覆盖重建技术。

5.2.1.1 土壤环境化学重建技术

对许多矿山的研究表明，矿山尾矿及废弃物中均缺少植被生长所必需的有机质、氮、磷、钾等物质，因此对矿山土壤进行化学改良是必要的。对于不适宜作物生长的过酸或过碱的土壤，应该因地制宜地采取适当措施，进行改良和调节，使其适合高产作物生长发育的需要。例如：对富含碳酸钙及 pH 值高的矿山废弃物，可利用适当的煤炭腐殖酸物质进行改良。研究表明，施用低热值煤炭腐殖酸物质，仅仅依靠干湿交替的土壤热化过程，可以提高石灰性土壤中的磷供应水平，从而达到对土壤的改良作用。采矿迹地土壤有的呈酸性，呈碱性的很少，因此在此主要介绍酸性土壤的改良技术。

采矿迹地土壤酸度主要有活性酸、交换性酸、潜性酸等三类。活性酸是自由扩散于溶液中的氢离子浓度直接反映出来的酸度；交换性酸是由土壤胶粒上吸附着氢离子和铝离子所造成的，这些致酸离子只有在通过交换作用进入土壤溶液时，产生了氢离子，才显示出酸性，所以称为交换性酸；潜性酸是指未氧化黄铁矿氧化后所形成的酸。

现在以 $Ca(OH)_2$ 为例，用化学反应式来表明中和土壤酸度的过程。

(1) 中和土壤活性酸：

$$2H^+ + Ca(OH)_2 \rule[0.5ex]{2em}{0.4pt} Ca^{2+} + 2H_2O$$

(2) 中和交换性酸：

$$2H + Ca(OH)_2 \rule[0.5ex]{2em}{0.4pt} Ca + 2H_2O$$

$$2Al + 3Ca(OH)_2 \rule[0.5ex]{2em}{0.4pt} 3Ca + 2Al(OH)_3$$

施入的石灰在中和胶体上的 H^+、Al^{3+} 等离子的同时，还与溶液中的碳酸反应，中和酸性土的酸源。反应式如下：

$$Ca(OH)_2 + 2H_2CO_3 \longrightarrow Ca(HCO_3)_2 + 2H_2O$$

$Ca(HCO_3)_2$ 中的 Ca^{2+} 也可取代胶体上的 $2H^+$ 而中和交换性酸。其反应如下：

$$2H + Ca(HCO_3)_2 \rule[0.5ex]{2em}{0.4pt} Ca + 2H_2O + 2CO_2$$

随着上述一系列反应的进行，胶体上的酸基离子不断被取代，胶体的盐基饱和度不断增加，二氧化碳不断释放出来，土壤溶液的 pH 值也相应提高。除中和酸度，促进微生物活动以外，施用石灰还增加了钙，有利于改善土壤结构，并减少磷被活性铁、铝离子固定。

把酸性土壤调节到要求的 pH 值范围所需要的石灰量称为石灰用量。通常没有必要把 pH 值调整到中性，一般认为土壤 pH 值为 6 左右不必使用石灰，pH 值为 4.5 ~ 5.5 需要适量施用，pH 值小于 4.5 时需大量使用。石灰施用量主要取决于土壤交换性酸和潜性酸，而活性酸量是微不足道的，可忽略不计。某种酸性土壤的石灰用量，一般根据试验确定，在理论上也可根据土壤的交换量及盐基饱和度数据计算交换性酸的石灰用量，以及根据未氧化黄铁矿数量，由化学方程式计算潜性酸的石灰用量。但由于在后者的理论计算中，常因未氧化黄铁矿数量不准，土壤的中和拌入深度不同，石灰材料及粒度差别较大，理论计算结果与实际相差较大。

据国外资料介绍，施用石灰的细度决定其反应速度，使用 0.246 ~ 0.3mm 的石灰，要达到土壤最高 pH 值需要 12 个月的时间，石灰粒度大于 0.3mm 时，要达到土壤最高 pH 值至少需要 18 个月，而 + 0.833mm 的石灰颗粒，不管其反应时间多长，对中和酸性几乎没有什么作用，根据国外数据得出的结论是： − 0.246mm 的石灰颗粒效率为 100%，0.246 ~ 0.833mm 的石灰颗粒效率为 60%，0.833 ~ 1.651mm 的石灰颗粒效率为 20%， + 1.651mm 的石灰颗粒的效率为零。

5.2.1.2　土壤环境植物修复技术

植物修复技术是以植物忍耐和超量积累某种或某些污染物的理论为基础，利用植物及其共存微生物体系清除环境中的污染物的一门环境污染治理技术。广义的植物修复技术包括利用植物固定或修复重金属污染土壤,利用植物净化水体和空气，利用植物清除放射性核素和利用植物及其根际微生物共存体系净化环境中的有机污染物等方面。狭义的植物修复技术主要指利用植物清洁污染土壤中的重金属。

重金属污染土壤的植物修复以植物忍耐和超量积累某种或某些化学元素的理论为基础，利用植物及其共存微生物体系，清除土壤环境中污染物的环境污染的技术，植物修复是一种对环境友好的清除土壤中有毒痕量元素的廉价新方法，其对重金属污染土壤的修复主要体现在以下 3 个方面：

（1）植物固定（phytostabilization）是利用植物降低重金属的生物可利用性或毒性，减少其在土体中通过淋滤进入地下水或通过其他途径进一步扩散。Cunningham 研究发现，一些植物可降低铅的生物可利用性，缓解铅对环境中生物的毒害作用。

根分泌的有机物质在土壤中金属离子的可溶性与有效性方面扮演着重要角色。根分泌物与金属形成稳定的金属螯合物可降低或提高金属离子的活性。根系分泌的胶黏状物质与 Pb^{2+}、Cu^{2+} 和 Cd^{2+} 等金属离子竞争性结合，使其在植物根外沉淀下来，同时也影响其在土壤中的迁移性。但是，植物固定可能是植物对重金属毒害抗性的一种表现，并未使土壤中的重金属去除，环境条件的改变仍可使它的生物有效性发生变化。

（2）植物挥发（phytovolatilization）是指植物将吸收到体内的污染物转化为气态物质，释放到大气环境中。研究表明，将细菌体内的 Hg 还原酶基因转入芥子科植物 Arabidopsis，植物可将从环境中吸收的 Hg 还原为 Hg(O)，并使其成为气体而挥发。也有研究发现植物可将环境中的 Se 转化成气态的二甲基硒和二甲基二硒等形式。植物挥发只适用于具有挥发性的金属污染物，应用范围较小。此外，将污染物转移到大气环境中对人类和生物有一定的风险，因而它的应用受到一定程度的限制。

（3）植物吸收（phytoextraction）是利用能超量积累金属的植物吸收环境中的金属离子，将它们输送并贮存在植物体的地上部分，这是当前研究较多并且被认为是最有发展前景的修复方法。能用于植物修复的植物应具有以下几个特性：在污染物浓度较低时具有较快的积累速率；体内具有积累高浓度的污染物的能力；能同时积累几种金属；具有生长快与生物量大的特点；抗虫抗病能力强。在此方面，寻找能吸收不同重金属的植物种类及调控植物吸收性能的方法是污染土壤植物修复技术商业化的重要前提。Kumar 等发现将芥子草（Brassica juncea L.）培养在含有高浓度可溶性 Pb 的营养液中时，可使茎中 Pb 含量达到 1.5%。美国的一家植物修复技术公司已用芥子草进行野外修复试验。增强植物叶片的蒸腾强度可提高其对土壤中重金属的吸收及向地上部的运输。

超富集植物：超富集植物是指能超量吸收土壤中的重金属并将其运移到地上部的植物，是植物修复的核心和基础。对于不同重金属，超富集植物的富集浓度界限也不同。目前，采用较多的是由 Baker 等提出的富集浓度参考值，即植物叶片或地上部（干重）中含 Cd 达到 $100\mu g/g$，含 Pb、Co、Cu、Ni 达到 $1000\mu g/g$，Mn、Zn 达到 $10000\mu g/g$ 以上，S（植物地上部重金属含量）/R（根部重金属含量）>1 的植物称为超富集植物。

通常超富集植物需要满足 3 个条件：

1）植物地上部富集的重金属达到一定的量；

2）植物地上部的重金属含量应高于其根部；

3）植物生长没有受到明显抑制。

当前超富集植物中影响较大的是蜈蚣草、天蓝芥蓝菜和布氏香芥等。蜈蚣草是近年来研究较多的一种 As 超富集植物，最早由美国佛罗里达大学的 Ma 等发现，陈同斌等首次在中国找到了砷的超富集植物蜈蚣草，验证了 Ma 的发现。天蓝芥蓝菜是研究最多、公认的 Zn、Cd 超富集植物。布氏香芥主要分布于意大利，是 Ni 的超富集植物。此外，超富集植物大多生物量小，大生物量的非超富集植物也可应用于土壤重金属的修复，用其地上部可观的生物量补偿其较低的地上部重金属含量。同时，考虑到观赏性，也可采用一些花卉类的植物对土壤重金属污染进行修复。

植物修复的应用实例中较为著名的案例是 1991 年由 Charley、Homer、Brown 和 Melchi 在明尼苏达州圣保罗进行的为期 3 年的植物修复。先前这片土地遭受了 Cd 污染，利用遏蓝菜属、麦瓶草属、长叶莴苣、Cd 累积型玉米近交系 FR237

和 Zn 与 Cd 的抗性紫羊茅进行植物修复。结果表明，遏蓝菜属植物对土壤 Cd、Zn 的富集能力较强，且土壤酸化可提高植物对 Zn、Cd 的吸收能力，施硫可以增加莴苣对 Pb 的吸收能力。

同时国内也有许多植物修复的成功案例。王伟等在重庆市开县"12·23"特大井喷事故后，利用植物修复技术治理土壤重金属 Zn、Cd 污染。结果表明，利用植物提取技术修复高含硫气井井喷事故对土壤的污染是有效的；首次发现大黄对土壤中硫元素污染的修复效果特别好，使其含量降低了 77%；柳树、杂草等对 Zn、Cd 的修复效果较好，使其含量降低了 70%，而杂草对其他元素也有较好的修复效果；预计植物修复大约需要两年才能使土壤恢复正常水平。

植物修复的局限性及改进措施：尽管植物修复在重金属污染土壤修复中具有极大的优势，但其本身也有局限性，主要表现在以下几个方面：

（1）因为植物的富集容量是有限的，植物修复只能治理一定污染程度的土壤，如果污染物浓度过高，超积累植物对污染物的积累量是有限的，修复效率不高。此时可结合其他修复方式或采用多次植物修复。

（2）植物根系一般分布在土壤表层，对深层土壤污染的修复能力较差，可采用一些机械、化学强化措施。

（3）用于植物修复的植物在气候不适合的地方，生长将受到抑制，常具有个体矮小、生长缓慢、生物量低等特点。因此，应将当地的植物作为研究对象，在适宜本土环境的植物中筛选超富集植物和可积累重金属的植物。

（4）植物修复最大的局限性是植物的生长周期较长而导致修复周期长，难以满足快速修复污染土壤的需求，这种情况下可借助螯合剂等辅助重金属吸收的药剂来加快重金属。

5.2.1.3 微生物修复技术

微生物是利用菌肥或微生物活化药剂改善土壤和作物的生长营养条件，它能迅速熟化土壤，固定空气中的氮素，参与养分的转化，促进作物对养分的吸收，分泌激素刺激作物根系发育，抑制有害微生物的活动等。

菌肥是人们利用土壤中有益微生物制成的生物性肥料，包括细菌肥料和抗生菌肥料。菌肥是一种辅助性肥料，它本身并不含有植物所需要的营养元素，而是通过菌肥中的微生物的生命活动，改善作物的营养条件，如固定空气中的氮素，参与养分的转化，促进作物对养分的吸收，分泌激素刺激作物根系发育，抑制有害微生物的活动等。因此，菌肥不能单施，要与化肥和有机肥配合施用，这样才能充分发挥其增产效能。

A 根瘤菌肥料技术

根瘤菌存在于土壤中及豆科植物的根瘤内。将豆科作物根瘤内的根瘤菌分离出来，加以选育繁殖，制成产品，即是根瘤菌剂，或称根瘤菌肥料。

　　a　根瘤菌的作用和种类

　　根瘤菌肥料施入土壤之后，遇到相应的豆科植物，即侵入根内，形成根瘤。瘤内的细菌能固定空气中的氮素，并转变为植物可利用的氮素化合物。根瘤菌从空气中固定的氮素约有25%用于组成菌体细胞，75%供给寄生植物。一般认为根瘤菌所供氮素2/3来自空气，1/3来自土壤。例如亩产大豆150kg，其植株和根瘤能从空气中固定的氮量约为5kg。紫云英亩产1500kg鲜重计，可固定空气中氮素约4.5kg。研究表明，大豆、花生或紫云英，通过接种根瘤菌剂后，平均每亩可多固定氮素1kg。

　　根瘤菌有3个特性，即专一性、浸染力和有效性。专一性是指某种根瘤菌只能使一定种类的豆科作物形成根瘤。因此，用某一族的根瘤菌制造的根瘤菌肥料，只适用于相应的豆科作物。根瘤菌的侵染力，是指根瘤菌侵入豆科作物根内形成根瘤菌的能力。根瘤菌的有效性，是指它的固氮能力。在土壤中，虽然存在着不同数量的根瘤菌，但不一定是固氮能力和侵染能力都很强的优良菌种，数量也并不一定多。因此，施用经过选育的优良菌种所制成的菌肥，就能更快地使豆科作物形成根瘤，从空气中固定大量氮素。根据浙江农业大学的试验，灰色的根瘤和分散的小瘤（一部分为白色）固氮酶的活性很弱，只有红色的瘤才是有效的根瘤。红瘤的红色是由于有大量红色的豆血红朊存在。凡是红瘤多而大的植株，如花生、豌豆、紫云英等，其全株含氮量高，并与产量（包括鲜重和干重）呈正相关。

　　b　根瘤菌肥料的肥效及影响因素

　　（1）根瘤菌肥料的肥效。根瘤菌肥料是中华人民共和国成立后最先使用的一种细菌肥料，其中尤以大豆、花生、紫云英等根瘤菌剂的使用甚为广泛。实践证明，根瘤菌剂只要施用得当，均可有不同程度的增产效果。

　　（2）影响根瘤菌肥料肥效的因素。最主要的有：

　　菌剂质量。菌剂质量的好坏要视其有效活菌的数量而定，一般要求每克菌剂含活菌数在1亿~3亿个以上，菌剂水分一般以20%~30%为宜。菌剂要求新鲜，杂菌含量不宜超过10%。

　　营养条件。根瘤菌与豆科植物共生固氮需要一定的营养条件。在氮素贫瘠的土壤中，在豆科植物生长的初期，施用少量无机氮肥，这有利于植物的生长和根瘤的形成，根瘤菌与豆科植物对磷、钾和钼、硼等营养元素的需要比较敏感。各地试验指出，在播种豆科植物时，配施磷、钾肥和钼硼是实现根瘤菌剂增产效果的重要措施之一。

　　土壤条件。根瘤菌属于好气而又喜湿的微生物。一般在松软通气较好的土壤上，能发挥其增产效果。对多数豆科植物根瘤菌来说，适宜的土壤水分，以相当于田间持水量的60%~70%为好。土壤反应对根瘤菌及其共生固氮作用的影响很大。豆科植物生长的pH值范围常宽于结瘤的pH值。例如大豆在pH值3.9~9.6范围内能够生长，而良好的结瘤仅在pH值4.6~8.0之间生长。根瘤菌在pH值6.7~7.5范围生长良好，在pH值4.0~5.3范围和pH值8.0以上生长停止。詹森（Jensen）指出，土壤中的根瘤菌比根瘤内的根瘤菌对酸碱度更敏感。因此，在土壤过酸时，在施用根瘤菌剂后都可获得好的增产效果。即使在高产田块，使用高效根瘤剂，一般也能取得良好效果。

施用方式和时间。试验证明，根瘤菌剂作种肥比追肥好，早施比晚施效果好。施用时间宜早，以拌种效果最佳。若来不及作种肥时，早期追肥也有一定的补救效果。

c　根瘤菌肥料的施用方法

根瘤菌肥料的最好使用方法是作拌种剂，在播种前将菌剂，加少许清水或新鲜米汤，搅拌成糊状，再与豆科拌匀，置于阴凉处，稍干后拌上少量泥浆裹种，最后拌以磷钾肥，或添加含少量钼、硼微量元素的肥料，立即播种。磷钾肥的用量一般每亩用过磷酸钙2.5kg，草木灰5kg左右。由于过磷酸钙中含有游离酸，因此要注意预先将过磷酸钙与适量草木灰拌匀，以消除游离酸的不良影响。

根瘤菌肥的施用量，视作物种类、种子大小、施用时期与菌肥质量的不同而异。以大豆为例，在理想条件下，一般每亩用菌面有250亿~1000亿个活的根瘤菌。菌剂质量好的，每亩用150g左右。

菌肥不能与杀菌农药一起使用，应在利用农药对种子消毒后两星期再拌用菌肥，以免影响根瘤菌的活性。

B　固氮菌肥料技术

固氮菌肥料是指含有大量好气性自生固氮菌的细菌肥料，或称固氮菌剂。

a　固氮菌的特性和特征

自生固氮菌不与高等植物共生，它独立生存于土壤中，能固定空气中的分子态氮素，并将其转化成植物可利用的化合态氮素。这是它与共生固氮菌（即根瘤菌）的根本区别。

固氮菌在土壤中的分布很广，但不是所有土壤都有固氮菌。影响土壤固氮菌分布的主要因素是土壤有机质含量、土壤酸碱反应、土壤湿度、土壤熟化程度以及磷含量、钾含量等。固氮菌对土反应很敏感，适宜的pH值为7.4~7.6。实验表明，当酸度增加时，其固氮能力降低。固氮菌对土壤湿度的要求是在田间持水量的25%~40%时，才开始生育，60%时生育最旺盛。固氮菌属于中温性细菌，一般在25~30℃时生长最好，低于10℃或高于40℃时，则生长受到抑制。

固氮菌在生育初期为短杆状，后期呈椭圆形或近似球形。固氮菌体形较大，(2~3)μm×3μm，无芽孢，周生鞭毛，能运动，显革兰氏阴性，胞壁外有厚荚膜。发育后期，固氮菌常成对排列，呈"8"字形，偶成单个或成串。培养较久时，多数菌种能产生色素，使菌落变色。

b 固氮菌肥料的肥效

合理施用固氮菌剂，对各种作物都有一定的增产效果，它特适用于禾本科作物和蔬菜中的叶菜类。固氮菌接种后，作物根系发育得一般较好，这说明固氮菌对植物根系发育有一定的良好作用。因此，固氮菌肥料的效果不如根瘤菌肥料的肥效稳定，一般可增产 10% 左右；条件良好时可增产 20% 以上，但有时也有效果不显著的。土壤施用固氮菌肥料后，一般每年每亩可以固定 1～3kg 氮素。固氮菌还可以分泌维生素一类物质，刺激作物的生长发育。

c 固氮菌肥料的施用方法

厂制固氮菌肥料可按说明书使用。一般的使用方法为：在用作基肥时，应与有机肥配合施用，沟施或穴施，施后要立即复土；在用作追肥时，可把菌肥用水调成稀泥浆状，施于作物根部，随即复土；在用作种肥时，在菌肥中加适量水，混匀后与种子混拌，稍干后即可播种。

过酸或过碱的肥料或有杀菌作用的农药，都不宜与固氮菌肥混施，以免发生抑制作用。

固氮菌肥与有机肥、磷肥、钾肥及微量元素肥料配合施用，则对固氮菌的活性有促进作用，在贫瘠土壤上尤其重要。

固氮菌适宜在中性或微碱性中生长繁育，因此，在酸性土施用菌肥前要结合施用石灰调节土壤酸度。

C 微生物快速改良技术

微生物快速改良方法（微生物复垦）是利用微生物活化药剂将煤矸石、露天矿剥离物等固体废物快速形成耕地土壤的新的生物改良方法。

匈牙利在 20 世纪 70 年代后期研制成功微生物快速改良方法，取得了 BRP（生物复田工艺）专利之后，成功地将其应用于匈牙利马特劳山露天矿及美国、巴西等地，在复垦土地上栽培了约 50 多类 100 种农作物，长势良好。

近年来人们开始研究采用表面活性剂作为重金属的去除剂的技术。然而表面活性剂虽然能去除重金属，但其自身容易给环境带来污染，所以有必要采用易降解和无毒性的生物表面活性剂。生物表面活性剂可能通过两种方式解析与土壤结合的重金属，一是与土壤液相中的金属离子配合，二是通过降低界面张力使土壤中的重金属离子与生物表面活性剂直接接触。

近年来，植物根际促生菌（PGPR）也被应用于环境污染治理，PGPR 可以改变植物的特征，如生物量、污染物摄取能力和植物营养状况，在营养缺乏和重金属污染的土壤中，外周菌根通过有效增加营养和水分来刺激植物生长。外源性菌根将土壤与根直接联系起来，影响重金属的效力和毒性。这些真菌对重金属有很强的耐受性，并且可以积累很高的浓度。Kozdroj 等发现，从严重污染的土壤中分离的真菌与从未污染土壤分离的相同真菌相比能够积累更高浓度的 Pb(Ⅱ) 和 Zn(Ⅱ)。同时有几种不同的机制与真菌对重金属的耐受性有关，如通过细胞壁上的负电荷，黑色素或菌丝外的黏液固定重金属，也可以通过金属硫蛋白或多聚磷酸盐进行细胞内固定，或将重金属储存在液泡中。

微生物快速改良方法（即微生物复垦）可用于多种土地改良，如：煤矸石、露天矿剥离产物、黏土、页岩及灰沙地。其工艺过程是：平整煤矸石、露天矿剥离物等固体废物复垦场区，疏松表层，施加煤泥、城市生活垃圾、谷物秸秆、锯末、含生物元素的工业废料等有机物质，播撒微生物活化药剂，当播撒微生物与有机物混合制剂时，不需预先施加煤泥等有机质。后翻耕并播种一年生或多年生豆科——禾本科混合草本。微生物活化药剂能提高混合土的生物活性，从而提高岩石的生物活性及有益微生物的数量。这些微生物能促进土层发挥其潜在肥力，并使有机物和营养元素以植物生长可吸收的形态在土中积累，经一个植物生长周期（6 个月左右），就会迅速形成熟化土壤。由于参加熟化土壤形成的微生物数量不断增加，在微生物代谢作用影响下，岩石加速分化，其理化性质不断改进，游离磷钾和腐殖质不断增加，酸性废弃物的 pH 值达到适合作物生长水平，使废弃物快速增加肥力，最终形成适于耕作的土壤。

采用微生物快速改良方法，在煤矸石、露天矿剥离物等固体废物复垦场地上，不用覆盖表土，经一个植物生长周期，就能建立稳定的活性土壤微生物群落，形成植物生长、发育所必需的条件，并维持数年不衰减。该方法也能将其他类型的贫瘠土壤或酸性土壤复垦成良田，对种植品种没有任何限制，而且只需要普通材料和机具。在复垦过程中，土壤的形成是在自然条件下进行的，因未采用化学土壤改良剂及催化剂，所以对地表、地下水均没有危害。在复垦的土地耕种期间，由于微生物的作用，无需使用大量化肥，也减少了对土壤、水体的污染。

微生物修复技术利用天然生物活性使污染物失去毒性，由于其成本低，对土壤肥力和代谢活性没有影响，故可以避免污染物转移而对人类健康和环境产生影响。当然微生物修复技术也有一定的缺陷，比如有时污染物降解后产生了毒性更强的衍生物，同时微生物修复需要特定的微生物群落，这与土壤中的营养物以及污染物的水平有一定关系。总之微生物修复技术是一种比较好的生态恢复技术，该领域逐渐成为一个研究热点，但其广泛应用仍需分子工程技术的改进，使其能适应各种不同的土壤、气候环境，从而能得到更广泛地应用。

5.2.1.4 绿肥技术

凡是以植物的绿色部分当做肥料的称为绿肥。作为肥料利用而栽培的作物，叫做绿肥作物。翻压绿肥的措施叫"压青"。种植绿肥是改良复垦土壤，增加土壤有机质和氮、磷、钾等多种营养成分的最有效方法之一。

A 绿肥的改良作用

（1）增加土壤养分。绿肥作物多为豆科植物，含有丰富的有机质和氮、磷、钾等营养元素，其中有机质约占 15%，氮（N）占 0.3% ~ 0.6%，磷（P_2O_5）占 0.1% ~ 0.2%，钾（K_2O）占 0.3% ~ 0.5%，详见表 5 - 1。

表 5 - 1 主要绿肥作物的养分含量

绿肥种类	鲜草成分（占绿色体的比例）/%				干草成分（占干物重的比例）/%		
	水分	N	P_2O_5	K_2O	N	P_2O_5	K_2O
紫云英	88.0	0.33	0.08	0.23	2.75	0.66	1.91
嘉鱼苕子	82.6	0.57	0.11	0.24	3.28	0.66	1.40
光叶紫花苕子	84.4	0.50	0.13	0.42	3.12	0.83	2.60
普通紫花苕子	82.0	0.56	0.13	0.43	3.11	0.72	2.38
毛叶苕子	—	0.47	0.09	0.45	2.35	0.48	2.25
黄花苜蓿	83.3	0.54	0.14	0.40	3.23	0.81	2.38
蚕豆	80.0	0.55	0.12	0.45	2.75	0.60	2.25
紫花豌豆	81.5	0.51	0.15	0.52	2.76	0.82	2.81
箭舌豌豆	—	0.54	0.06	0.32	—	—	—
萝卜青	9	0.29	0.20	0.26	1.89	0.64	3.66
油菜	82.84	0.43	0.26	0.44	2.52	1.53	2.57
田菁	80.0	0.52	0.07	0.15	2.60	0.54	1.68
柽麻	82.7	0.56	0.11	0.45	3.25	0.48	1.37
草木樨	80.0	0.48	0.13	0.4	2.82	0.92	2.40
绿豆	85.6	0.60	0.12	0.58	4.17	0.83	4.03
黄豆	78.4	0.76	0.18	0.73	3.51	0.83	3.38
中南豇豆	86.8	0.47	0.12	0.32	3.54	0.87	2.41
马料豆	—	0.62	0.11	0.30	2.57	0.46	1.25
泥豆	80.0	0.62	0.08	0.72	—	—	—
大叶猪屎豆	80.5	0.57	0.07	0.17	2.71	0.31	0.82
三尖叶猪屎豆	75.8	0.53	0.18	0.40	2.18	0.71	1.64
紫穗槐（嫩茎）	60.9	1.32	0.30	0.79	3.36	0.76	2.01
紫花苜蓿	—	0.56	0.18	0.31	2.15	0.53	1.49
红三叶	73.0	0.36	0.06	0.24	2.10	0.34	1.40
沙打旺	—	—	—		1.80	0.22	2.53
绿萍	94.0	0.24	0.02	0.12	2.77	0.35	1.18
水花生	—	0.15	0.09	0.57	2.15	0.84	3.39
水葫芦	—	0.24	0.07	0.11	—	—	—
水浮莲	—	0.22	0.06	0.10	—	—	—

绿肥作物的生长力旺，在自然条件差、较贫瘠的土地上都能很好生长。在复垦区种植绿肥作物，成熟后将其翻入土壤，可增加土壤养分。

（2）改善土壤的理化性状。种植绿肥作物可以为土壤提供有机质和有效养分数量。绿肥在土壤微生物作用下，除释放大量养分外，还可以合成一定数量的腐殖质，对改良土壤性状有明显作用。

豆科绿肥作物的根系发达，主根入土较深，一般根长 2~3m，能吸收深层土壤中的养分，待绿肥作物翻压后，可使耕层的土壤养分丰富起来，为后茬作物所吸收。绿肥作物的根系还有较强的穿透能力，绿肥腐烂后，有胶结和团聚土粒的作用，从而改善土壤的理化性状。绿肥还对改良红黄壤、盐碱土具有显著的效果。不少绿肥作物耐酸耐盐、抗逆性强，随着栽培和生长，土壤得到了改良。

（3）覆盖地面、固沙护坡。绿肥作物有茂盛的茎叶，覆盖地面可减少水、土、肥的流失，尤其在复垦土地边坡种植绿肥作物，由于茎叶的覆盖和强大的根系作用，减少了雨水对地表的侵蚀和冲刷，增强了固土护坡作用，减弱或防止水土流失。种植绿肥作物，还有抑制杂草生长的作用，避免水分、有效养分的消耗。

B 绿肥作物的种植方式

（1）单种。单种又称主作，是在复垦后的土地上仅播种绿肥作物，在生长成熟后直接翻入土壤。这种方式一般都占用一定的生长季节，常种植一年生豆科绿肥作物，或在轮作制度中安排一定季节播种某种绿肥作物，也常在复垦土地边坡地带种植多年生绿肥作物，不仅可增加土壤肥力，还可防止水土流失。

（2）混种。将不同的绿肥种类，按一定的比例混合或相间播种在同一田里，以后都作绿肥用。如采用紫云英、油菜、萝卜青、麦类等混播，一般与单播相比能大幅度增产。其原因是混播多采用豆科与非豆科混合、直生与匍匐生混合、高秆与矮秆混合、宽叶与窄叶混合、深根与浅根混合等，采取这样的植株搭配，可更充分地利用光、热、水、肥、气等自然条件，故能增产。

（3）间种。在主作物的行株里，播种一定数量的绿肥作物，以后都作为主作物的肥料。通过间种，能充分利用光能，除了做到养地用地结合外，还可以发挥种间互助作用。据测定，小麦间种蚕豆、黄花、苜蓿后，小麦的植株或叶片的含氮量增加。此外，间种还可减轻绿肥作物的冻害和病害，减少杂草对主作物的危害。

（4）套种。在不改变主作物种植方式的情况下，将绿肥作物套种在主作物行株之间。套种可分两种：若在主作物播种前，先把绿肥作物种子播在预留的主作物行间，以后用作主作物追肥的叫做前套。如棉田前套箭舌豌豆，以后播种棉花，当绿肥作物生长到要影响棉花生长时，就压青作追肥。若在主作物生长中后期，在其行间种绿肥，待主作物收获后，让绿肥作物继续生长，以后用作下季作物的肥料，称为后套。如麦田套种草木樨、棉田套种苕子等。

套种除具有间种的作用外，还能使绿肥作物充分利用生长季节，延长生长时间，提高绿肥产量。

C　主要绿肥作物的栽培和利用

我国幅员辽阔，绿肥作物种类很多，要使绿肥作物获得高产，必须抓好全苗（苗足）和壮苗（茎叶粗大），同时还要做好留种工作，以保证绿肥面积不断发展。现将我国主要绿肥作物的栽培和利用要点阐述于下。

a　草木樨

草木樨是一年生或二年生豆科草本植物。在东北、华北、西北地区广泛栽培的是二年生白花草木樨，其次是一年生黄花草木樨。草木樨耐旱、耐寒、耐瘠、耐盐力强，表土溶盐量0.25%以下可出苗生长。草木樨对土壤要求不严，除低洼渍水、重盐碱地和酸性土壤不利生长外，砂土、陡坡、沟壑、砂荒等瘠薄地都可栽培。其栽培要点为：

（1）播种、施肥。草木樨种子的硬籽多，不利于吸水发芽，在播种前应作擦种处理，即在种子中加一定比例的细砂，放在石臼中捣种或用碾米机碾2～3次，以种皮"起毛"为度。北方地区四季都可播种，但以春、秋播较为普遍，一般适时早播均能提高鲜草产量和有利于越冬。播种量一般压青田为1.5～2.5kg/亩，留种田0.5～1kg/亩。草木樨种子小，顶土力弱，播种深度一般不宜超过3cm，播前应耕耙松土无杂草。草木樨对磷肥反应较敏感，在播前可每亩施过磷酸钙10～20kg或磷矿粉30～50kg作基肥。

（2）田间管理。草木樨的苗期生长缓慢，出苗后应及时中耕除草。在茎叶繁茂生长期间，要遇涝即排，遇旱即灌。如有蚜虫、斜纹夜蛾等害虫，可用1000倍20%乐果液防治。秋播的幼苗或割后新生的芽，冬前要结合中耕保护越冬芽。

（3）留种。草木樨花期长，种子成熟不一致，且成熟种子易脱落，故应在植株下部有60%左右种荚变褐色时收割，以后晒干、脱落、贮藏。

b　苕子

苕子又称蓝花草、巢菜和野豌豆等，为越年生豆科植物。它耐旱性、耐酸性、耐盐性较强，而耐湿性较弱。不同品种的苕子耐寒性差异很大，在四川、湖北和华南多栽培四川油苕、花苕和湖北嘉鱼苕子，苏、皖、浙等省多栽培光叶紫花苕子，西北、华北和东北多栽培毛叶苕子。其栽培要点为：

（1）播种。在播种前可用60℃温水浸种，以利于吸水发芽。播种时用磷肥作基肥或种。苕子在秋季宜早播，使之在越冬前有一定的生长量。北方地区的毛叶苕子除秋播外，还可在3～4月间春播。播种方法因不同栽培方式而异，收鲜草的亩播3～2.5kg；留种的亩播1.5～2.5kg；旱地播种以开沟条播为宜，覆土深度 3~5cm。

（2）排灌。苕子生长忌渍水，要求土壤水分相当于田间持水量的65%~75%之间。旱地要有灌水沟，做到能灌能排。在苕子开花结荚期间特别应注意做好防渍工作。

（3）留种。留种田应早播、疏播，使其有效分枝多，春播后早生快发，并减少花蕾期落花落荚，苕子具有攀缘性，可用棉秆、芦苇、油菜秸等作支架，这样有利于群体通风透光，使植株生长健壮，花荚数增加，籽实饱满，产籽量显著提高。因苕子是无限花序，种荚成熟不一，宜在全株种荚有五成枯黄带褐趁露水未干时收割。脱粒晒干贮藏于干燥处。

c 紫花苜蓿

紫花苜蓿又名苜蓿或紫苜蓿，是多年生豆科草本植物，在我国北方地区广泛栽培。

紫花苜蓿的耐旱、耐寒性强，在-25℃低温下还可越冬，幼苗能耐3~4℃的低温。它的根系发达，可利用土壤底层水分，故具有较强的抗旱性。紫花苜蓿适宜在排水良好、土层深厚的石灰性土壤中生长。

紫花苜蓿第一年生长很慢，易受杂草抑制；第二年以后生长加快，以第二三年生长最旺盛；第四年以后生长逐步减弱，鲜草产量降低。

紫花苜蓿的栽培要点为：

（1）播种。紫花苜蓿的种子小、顶土力弱，播前要细致整地，并进行种子处理，在气候较寒冷、生长季节较短的地区宜春播或夏播；气候较暖、生长季节较长的地区宜秋播。播种量一般条播为每亩0.5~1kg，撒播为1~1.5kg。播深3cm左右。播前最好施用磷钾肥作基肥。

（2）田间管理。苗期生长慢，要勤除草，结合中耕亩施碳铵2.5~5kg提苗。春暖解冻时和割后要进行中耕、灌水，并适当追肥。

（3）留种。紫花苜蓿是异花授粉植物，因此发展养蜂有利于提高产种量，待荚果有七成呈深褐色时收割，而后晒干、脱粒、贮存。

d 沙打旺

沙打旺又称麻豆秧、直立黄芪、地丁和苦草等，是多年生豆科草本植物，在东北、西北、华北等地均有种植。

沙打旺性喜温暖，在20~25℃的温度下生长最快。耐寒性强，越冬芽可耐-30℃的地表低温。抗旱力也很强，并有较强的抵御风沙的能力，被沙埋后生长点仍能拱出地面而正常生长。它适宜在中性至微碱性的壤质或砂壤质土壤中生长。在全盐量为0.3%~0.4%的盐碱地上仍能正常生长。在低洼易涝地上沙打旺易烂根死亡。其栽培要点为：

（1）播种。沙打旺在春、夏、秋三季都可播种。春季在3月中旬，夏季则看土壤墒情和雨情而定，一般多在立秋前后播种。由于沙打旺多种植在风沙盐碱的沙荒地上，播前要耕松并趁雨季播种，播深为2cm，每亩播0.75~1kg。

（2）田间管理。沙打旺苗期生长缓慢，在耕地播种沙打旺时，要在2~3片真叶时除草，防止草荒。秋天进行培土有利于翌年返青和生长。对生长3年以上的草地，应增加中耕深度，切断部分衰老的侧根，促进再生新根，可延缓沙打旺的衰退，稳定产量。

（3）留种。沙打旺一般在10月下旬到11月上旬收割。由于沙打旺的花期较长，果穗成熟期很不一致，而且成熟的荚果易自行开裂，故采用分期采摘成熟果穗的办法，即在果穗成熟又尚未开裂的时候采摘下来，每7天左右采摘1次。采下的果穗及时晾晒干燥，用碾米机脱粒，再用风吹洗干净、晒干、贮存。

5.2.1.5　表土覆盖重建技术

回填表土是一种常用且最为有效的措施。很多研究都表明，在无表土回填的采矿迹地，生物多样性的恢复速度受到抑制。因此，要想在短期内将无表土覆盖的采矿迹地实施生态恢复是不大可能的。表土是当地物种的重要种子库，它为植被恢复提供了重要种源。Holmes研究发现，即使是采取人工播种措施，表土的种子库也能提供60%的采矿迹地恢复物种，经过3年的恢复后，这一比例上升至70%。回填表土除了提供土壤贮藏的种子库外，也保证了根区土壤的高质量，包括良好的土壤结构，较高的养分与水分含量等，并包含比废弃地多得多的参与养分循环的微生物与微小动物群落。

表土覆盖的深浅一直是研究人员关注的一个研究课题。覆土太厚无疑会使工作量成倍增加，太浅可能又起不到好的效果。Holmes的研究表明，覆盖0.1m厚的表土能使植物的盖度从20%上升至75%，覆盖0.3m则上升到90%；但这2个深度的表土在提高植物密度方面没有明显差异，甚至在播种18个月后，浅表土（0.1m）比深表土（0.3m）有更高的植物密度。Redente等在一个煤矿废弃地比较了4个厚度（0.15m、0.30m、0.45m和0.60m）的表土后，发现覆盖0.15m就足以获得满意的恢复效果。看来，表土层的覆盖的确没有必要太厚，0.10~0.15m就可能产生较好效果。覆土的厚度还应考虑被恢复植被的类型，草本植物根系浅，覆土厚度显然没有必要像恢复木本植物那样厚。

无论所形成的植被如何，回填表土所产生的改土效果与恢复效果都是显然易见的，因此，在采矿前就应将表土挖掘另行堆放，应尽快覆土，避免土壤贫化。如果原地表土无法保留，也可采用客土法，即将别处的表土挖来覆上。但表土回填或客土覆盖措施也存在以下问题：

（1）表土或与矿渣之间存在一障碍层，它对根冠的发育会有一定的阻碍；

（2）工作量巨大，特别是客土法，可能要从远处将土运来。当采矿迹地矿地面积较大时，无论是表土或客土覆盖几乎都难以实现；

（3）有些矿区的采矿时间过长，可能会使得堆置一旁的表土丧失原有的特性，因为表土堆放的时间越长，土壤的优良性状与养分就会损失越多，土体内植物繁殖体的死亡率也越高，结果就可能导致表土失去回填价值；

（4）如果表土是覆盖在有一定坡度的采矿迹地上，由于质地不连续性与层次的松散性，降雨时有可能引起滑坡，养分流失；

（5）掩埋在表土下的盐分与重金属等有害物质有可能通过土壤毛细管作用上升到表土层甚至地表，继续产生危害；

（6）另外，客土法有可能携带有毒有害元素，应进行化验分析，进行处理；

（7）采用客土法还会造成新的土地破坏现象。

5.2.2 排土场坡面复垦技术

从生态学的角度看，园林式边坡绿化方法有品种少，稳定性差的缺点。随着边坡灾害问题的日益突出和护坡技术的发展，出现了工程护坡和生态技术相结合的生态工程护坡技术（Bioengineering Slop Protection）。首先提出此原理和技术的是美国的 Grayhe、Leiserf（1982 年）和 Schiechtl（1980 年）。生态工程护坡即是结合工程将生态技术应用于边坡的防护上，以求达到保持边坡稳定，防止水土流失的目的。覆盖于坡面的植物的茎、枝等提供了第一层次的加固；随着根的不断的纵深生长，又产生了另一层次的加固。同时土石工程本身就起一定的护坡作用。土石工程的加固和植物的加固相互结合，相互配合，使加固的效果更加可靠。

最早将生态护坡工程应用于边坡防护的是美国，其用地表编制枝条篱笆的方法来加固南加州沿 Angeles Cresk 高速公路的陡峭边坡。并获得了成功。这种护坡方式既能很好地起到护坡作用，能做到一些纯工程护坡无法做到的防护，同时又恢复了被破坏的自然生态系统，符合当今世界的发展趋势，也是一种前景非常好的技术。经过近二十年的发展，生态护坡技术已有了很大进展，现在国内外广泛采用的方式有：

（1）土工网。植草护坡技术采用一种通过特殊工艺生产的聚乙烯三维立体网，将其铺设于边坡上，然后播撒草种。随着草种的生长成熟，坡面逐渐被植物覆盖，从而减缓了雨水冲刷和下流速度，其植物根系深入土层固定土壤，防止了边坡侵蚀，这样植物与土工网就共同对边坡起到了长期防护、绿化的作用。边坡绿化效果如图 5－1 所示。

（2）铺草皮。铺草皮坡面防护法的作用与种草坡面防护一样。适用于需要迅速得到防护或绿化的土质边坡以及严重风化的岩石和严重风化的软质岩土边坡。铺草皮坡面防护需预先备料，草皮一般就近培育，切成整齐块状再铺到坡面

图 5-1 排土场绿化图

上。同时坡面要预先整平，必要时还应铺土。

（3）综合生物防护。综合生物防护是指采用混凝土、浆砌片（块）石、浆砌卵（砾）石等做成骨架形成框格，框格内采用种草或铺草皮的防护方法。框格的作用是利用骨架防止边坡受雨水侵蚀而在土质坡面上产生沟槽，同时保护框格内的植物在生长初期不受雨水侵蚀。

（4）植生袋。近年来推广使用的一种草坪植草新技术。在暴雨强度较大的地区，可在坡面上铺设草坪植生袋进行种草。植生袋由两层无纺布构成，中间夹有基质、草籽和肥料，使用时将草坪植生袋铺在边坡上，上面盖上细土，浇水后15～30天左右出齐，三个月后可形成草坪。

（5）液压喷播技术。液压喷播技术是欧、美、日本等一些发达国家近年来研究开发的一种生物防护生态环境、防止水土流失、稳定边坡的机械化快速种草绿化技术。主要由防护方法的选定、土壤分析、草种选择、液压喷播施工四部分组成。其原理是将草种、化肥、土壤改良剂、土壤稳定剂、辅料和水等充分混合后，用喷射机械均匀地喷射到边坡上，适当洒水使种子发芽、生长。

随着城市工业、山区旅游景点、道路及水电建设的发展，生态环境不断遭到破坏，仅采取简单工程措施进行边坡绿化，容易冲刷造成水土流失和滑坡现象。在排土场边坡、岩壁等生态恢复中可采取植生袋和液压喷播技术。下面就这两种技术的情况进行简单介绍。

5.2.2.1 植生袋技术

植生袋又叫绿网袋、绿化袋，是植生带和绿网袋的有机结合体。植生袋是在植生带的基础上发展而来的一种产品，是由一半播种、另一半留空白（不播种）

的植生带缝纫而成的袋子。植生袋共分五层，最外及最内层为尼龙纤维网，次外层为加厚的无纺布，中层为植物种子、有机基质、保水剂、长效肥等混合料，次内层为能在短期内自动分解的无纺棉纤维布。植生袋制作的关键是植物种类的配比，可以任何角度垒起来使近90°的垂直岩面绿化成为可能，多雨季节基质层不会被冲刷和流失，可有效防止山体滑坡和山崩。

A 植生袋工作流程

（1）清理平整边坡，坡脚基础处理。采用人工或机械排除坡面的松动岩石；将坡脚基础平整夯实，不平的地方采用混凝土砂浆垫平，局部沉降段可采用混凝土浇筑。

（2）植生袋装填。植生袋的绿化基质可根据实际情况就地取材，使用山皮土、尾矿砂、有机肥和保水剂等材料配制，可在边坡现场进行装袋。

（3）植生袋回填及锚固。已做好方格网或拱形窗肋式混凝土防护的边坡，或坡度在1°~0.75°以下的低缓边坡，回填植生袋时通常可不用再加锚固，但需采取不同规格植生袋进行合理配置。

回填锚固方法：将网格的一端在锚杆上绑扎牢固后摊平，然后在网格上离开坡面一定距离开始码叠植生袋，在植生袋与坡面之间留的空间中回填种植土，夯实回填土及植生袋，将网格的另一端从码放的植生袋外侧收起折返固定在坡面上层的锚杆上，让网格兜住回填土和植生袋，从而完成一层的安装。

（4）防渗层铺设。将网格植生袋按层依次由下向上铺设，待一定高度后，铺设一层防渗层，防渗层在两层网格植生袋层之间，从坡边采用混凝土浇筑到植生袋内边缘。

（5）排渗管安装。在铺设网格植生袋和防渗层过程中，排渗管均匀分布安装在网格植生袋层和防渗层之间。

（6）播种与种植。草种等种子可在植生袋装袋时按所需配比加入基质，也可在网格植生袋基础完工后，向其上喷播种子，灌木等可直接在其上移栽种植乔灌苗木。

（7）养护。养护包括两方面：一是对滑落的植生袋进行及时补填；二是保证边坡植物的水分供应（一般在施工后两个月及入冬前各施一次肥）。在草和灌木生长成坪、根系将边坡土层固定之后可不需再进行日常的人工养护。

B 应用前景

排土场面积巨大，仅唐山地区就有12万余亩面积的排土场亟待生态恢复。植生袋绿化法水土保持效果好，绿化效果好；但实施成本偏高。随着植生袋相关配套技术的发展，成本会越来越低，在资金相对充裕的情况下不失为一种高效快速的绿化技术，具有一定的应用前景。

5.2.2.2 液压喷播技术

"液压喷播"是近年从国外引进的一项建植草坪的新技术，利用机械液压的原理将经过催芽处理后的种子加入混合材料等搅拌均匀后，均匀喷射到边坡表面上，喷射厚度 2~3cm，从而生成草坪，它具有省劳力、效率高、经济效益大的特点，得到绿化施工单位的广泛使用。

液压喷播工艺是利用液体播种原理把催芽后的草坪种子装入盛有一定比例的水、纤维覆盖物、黏合剂、肥料、染色剂（视情况添加保水剂、泥炭等）的容器内，利用泵将混合浆料由软管输送喷播到待播的土壤上，形成均匀覆盖层保护下的草种层，多余的水分渗入土表。由纤维、胶体形成半渗透的保湿表层，这种保湿表层上面又形成胶体薄膜，从而大大减少了水分蒸发，为种子发芽提供水分、养分和遮阴条件，其技术关键是纤维胶体和土表黏合，使得种子在遇风、降雨、浇水等情况下不会流失，产生良好的固种保苗作用。同时喷洒的覆盖物可以染成绿色，喷播后很容易检查是否已播种以及漏播情况，草坪也可立即显示为绿色。由于种子经过催芽，播种后 2~3 天即可生根和长出叶片，可很快郁闭成坪起到快速保持水土的作用并且减少养护管理费用。

（1）工序流程为：

坡面修整──→覆土或客土吹覆──→液力喷播──→养护

（2）材料选择：

1）草种。采用狗牙根、高羊茅等适宜于当地种植的草种按照一定的比例进行施工。

2）纤维。纤维有木纤维和纸浆两种，木纤维是指天然林木的剩余物经特殊处理后形成的呈絮状的短纤维，这种纤维与水混合后成松散状、不结块，为种子发芽提供苗床的作用。水和纤维覆盖物的质量比一般为 30：1，纤维的使用量平均约在 45~60kg/亩，坡地约在 60~75kg/亩（1 亩=666.67m²），根据地形情况可作适当调整，坡度大时可适当加大用量。在实际喷播时为显示成坪效果和指示播种位置一般都染成绿色。

3）保水剂。保水剂的用量根据气候不同可多可少，雨水多的地方可少放，雨水少的地方可多放，用量一般为 3~5g/m²。有时也可以用木纤维代替保水剂。

4）黏合剂。黏合剂的用量根据坡度的大小而定，一般为 3~5g/m² 或纤维质量的3%，坡度较大时可适当加大。黏合剂要求无毒、无害、黏结性好，能反复吸水而不失黏性。

5）染色剂。染色剂的作用使水与纤维着色，为了提高喷播时的可见性，易于观察喷播层的厚度和均匀度，检查有无遗漏，一般为绿色，进口的木纤维本身带有绿色，无需添加着色剂，国产纤维一般需另加染色剂，用量为3g/m²。

6）肥料。肥料选用以硫酸铵为氮肥的复合肥为好，不宜用以尿素为氮肥的复合肥，因为尿素用量过少达不到施肥效果，超过一定量时前期烧种子，后期烧苗。视土壤的肥力状况，施量为 30～60g/m²。作为公路护坡一般的只要施入早期幼苗所需的肥料即可（含 N、P、K 及微量元素的复合肥）。

7）泥炭土。泥炭土是一种森林下层的富含有机肥料（腐殖质）的疏松壤土，主要用于排土场改善表层结构，从而有利于草坪的生长。

8）活性钙。有利于草种发芽生长的前期土壤 pH 值达到平衡。

9）水。其他所有材料的溶剂，用量为 3～4L/m²。

（3）设备选择。进行喷播绿化的重要设备为喷播机（一般为进口机械），喷播机的性能直接影响喷播的质量和效率。

（4）施工中的注意事项为：

1）喷播程序。一般先在罐中加入水，然后依次加入：种子、肥料、保水剂、木纤维、黏合剂、染色剂等。配料加进去后需要 5～10min 的充分搅拌后方可喷播，以保证均匀度。每次喷完后须在空罐中加入 1/4 的清水洗罐、泵和管子，对机械进行保养。

2）水和纤维的用量。水和纤维的用量是影响喷播覆盖面积的主要因素。在用水量一定的条件下，纤维过多，稠度加大，不仅浪费材料，还会给喷播带来不利影响；纤维过少，达不到相应的覆盖面积和效果，满足不了喷播的要求。研究表明，水和纤维用量的适宜质量比为 30：1。另外，在将各配料投入喷罐中时，应先加水后加黏合剂、纤维、肥料及种子等，经充分搅拌形成均匀的喷浆后再喷播。

3）坡面清理。在坡面上进行喷播前应对坡面进行处理，适当地平整坪床，清除大的石块、树根、塑料等杂物。喷播前最好能喷足底水，以保证植物生长。喷播后，应覆盖遮阳网或无纺布，以便更好地防风、遮阴和保湿。

（5）苗期养护管理：

1）喷播后加强坪床管理，根据土壤所含水分，适时适度喷水，以促其快速成坪；

2）在养护期内，根据植物生长情况施 3～6 次复合肥；

3）加强病虫防治工作，发现病虫害时及时灭杀；

4）当幼苗植株高度达 6～7cm 或出 2～3 片叶时揭掉无纺布；避免无纺布腐烂不及时，以致影响小苗生长；

5）根据出苗的密度，进行间苗补苗。

（6）液压喷播植草的优点。液压喷播植草与传统的种草、铺草皮工艺相比有以下优点：

1）工艺简单，易操作；

2）不必覆盖或更换表土，适用范围广；

3）对土壤平整度没有要求；

4）覆盖料和土壤稳定剂的共同作用能够有效防止雨水冲刷，避免种子流失，因此所建立的植被均匀整齐；

5）施工统一，成坪快，较美观，在水分充足的条件下，一般1周左右即可出苗，2个月植被可完全覆盖坡面。

5.2.3 适生植物筛选技术

生物复垦技术的研究必须与排土场基质的性质密切相关，而复垦效果的好坏与所应用的植物品种有直接关系，选择适宜的适生植物筛选技术进行排土场适生植物筛选工作，是每一个地区进行排土场生态恢复时要完成的第一项任务。

5.2.3.1 排土场边坡基质性质

排土场边坡基质的性质如下：

（1）植物营养素含量低。N、P、K等营养元素是植物生长所必需的，废石、尾矿砂中都缺乏土壤构造和有机营养物，不能保存养分，影响了植物正常生长。但随着铁尾矿库固体废物堆放时间的加长，固体废物表面层中有机物的含量就会增加，这将有利于植物修复的进行。

（2）理化性状不理想。基质物理结构不好，造成持水保肥能力较差，因此影响植物修复的效果。

（3）排土场表面不稳定。排土场表层松散易流动，易受到风、水和空气的侵蚀，被侵蚀后，固体废物表面层会出现蚀沟、裂缝或破裂，在这个过程中表土稳定性受到影响而逐渐降低，给植物的正常生长带来了巨大阻力。

（4）排土场土壤表层温度变化大。废石和尾矿砂中含有大量的二氧化硅，致使其比热容值较小，其表层易吸收热辐射，温度高易使植物体干旱而死亡。

5.2.3.2 适生植物筛选条件

用于矿地恢复的植物通常应该是抗逆性强、生长迅速、改土效果好和生态功能明显的种类；禾草与豆科植物往往是首选物种，因为这两类植物大多有顽强的生命力和耐瘠能力，生长迅速，而且后者能固N。豆科植物宜撒播非入侵性、生长迅速、一年生乡土豆科植物。生态恢复考虑的因素包括：

（1）生态适应性。选择乡土树种和适合当地生长的外来植物品种，才能够形成稳定的目标群落，达到植被恢复、生态修复的目的。

（2）先锋性。选择一些适应气候条件、生长迅速、有环境改善力的先锋植物，后期还要能退出主导地位的植物，以培养土壤养分、提高土壤肥力。

（3）和谐性。所选择的植物品种应该与周边的植被群落和谐统一，在群落形态、植物品种构成等方面和周围的植物群落相近。

（4）抗逆性和自我维持性。排土场土壤一般较为贫瘠，因此，应根据具体情况要求植物品种具有一定的抗旱性、抗寒性、耐瘠薄、耐高温等特性，抗病虫害以及具有较高经济价值的树种，以便在后期无人为养护条件下能实现自我维持。

（5）生物多样性。考虑到生物品种的多样性，灌木、草本、草花等多层次、多品种组合，形成综合稳定的复合植物生态系统。

（6）特异性。植物有各自的特点，立地类型各异。排土场土壤要求植物出苗快，生长迅速，短暂的适宜条件即可定居生长，寿命短；侧根发达，以须根为主；侧根在土层表面也有分布；根茎部分有较多的不定根；地上部分明显大于地下部分；茎上有不定根。

经现场试验研究筛选出适宜于燕山地区排土场边坡生态恢复用的植物品种见表 5 - 2。

表 5 - 2　适宜于燕山地区排土场生态恢复用的植物品种

类别	品　　　种
乔木	赤峰杨、油松、火炬树、刺槐、大叶速生槐
灌木	白柠条、沙棘、沙枣、杨柴、刚毛柽柳、多枝柽柳、胡枝子、紫穗槐、连翘、金叶莸
草本	紫花苜蓿、白三叶草、黑麦草、野燕麦、墨西哥玉米、沙打旺、狗尾草、八宝景天、五芒雀麦草、高羊毛

5.2.4　植物优化配置

排土场边坡生态恢复最终要实现与周围环境和自然的和谐，不仅仅是绿化环境，还要具有一定的观赏性，美化环境，这就要求必须选择适宜的植物配置方式。

5.2.4.1　优化方法

可根据植物生物学特性，按照景观生态学原理和植物配置原则，以防风固坡、防沙滞尘、生态恢复为目标，以植物的生物学特性为基础，选用适生植物，以"人为设计理论"为指导，优化植物配置。

A　优化配置方案

以排土场边坡土壤理化性质为依据，以防风固坡、防沙滞尘、生态恢复为目标，以植物的生物学特性为基础，制定相应植物组合类型。

B　优秀方案评价

一个优秀的生态植物组合不仅具有景观特性，供人们观赏，而且要具备科学的空间结构，体现物种的多样性及种间适应性，实现其生态价值，另外，还要考虑建设与管理的成本问题，实现组合的经济效益。该方案以定性分析为基础，采用层次分析法进行定量分析。

该方案选择若干对园林植物景观效果贡献较大的定性和定量指标，通过对定性指标的量化，应用综合评价模型对园林植物景观进行评价。

层次分析法又称 AHP（Analytical Hierarchy Process）法，是 20 世纪 70 年代美国运筹学方面的学者 T. L. Saaty 提出来的层次分析法的方法与步骤是：在对问题进行充分了解的基础上，首先分析问题内在因素间的联系与结构，并把这种结构划分为若干层，如目标层、准则层、方案层等，把各层间诸要素的联系用线表示出来，接着是同层因素之间对上层某因素的重要性进行评价，方法是"两两比较法"，建立判断矩阵，求得权重系数，再进行一致性检验，如通过，则求得的权重系数可以被接受，否则，则被拒绝，再重新评判。在进行单层权重评判的基础上，再进行层间重要性组合权重系数的计算。

（1）建立 AHP 层次结构模型。AHP 的层次结构分为三个层次即目标层、准则层、方案层。在进行植物组合选择时，先要考虑物种组成、种间适应性、空间结构，还要考虑植物组合的观赏性，最后是成本问题，为了达到追求的目标，需要一套完整、科学的评价指标体系作为度量目标实现程度优劣的标准与尺度，且各指标间相互独立，无显著相关关系，可建立相应的层次结构模型。

（2）建立判断矩阵。运用"两两比较法"建立各层比较矩阵。要反复回答问题，两个因素 i、j 哪一个对上层的某一准则项影响大，大多少，并使用 $1 \sim 9$ 的比例来赋值。心理学实验表明，多数人对不同事物在相同属性上差别的分辨能力不超过 9 级，$1 \sim 9$ 级的标度定义见表 5 - 3。

表 5 - 3　Matrix 标度说明

第 i 指标与第 j 指标比较结果	标 度 值
i 与 j 同样重要	1
i 与 j 稍重要	3
i 与 j 相当重要	5
i 与 j 相比非常重要	7
i 与 j 相比极其重要	9
重要性在上述表述之间	2、4、6、8

注：两元素相比，若前者对后者取上述值，则后者对前者取其倒数，如 1，1/2，1/3，…，1/9。

依据表 5 - 3 可最终得出比较矩阵，即判断矩阵。在以下各个判断矩阵中最上一行及最左一列的代号是所要比较的因素，矩阵表左上角的代号代表相对于上层评价的某一准则项，矩阵表最右一列是通过计算所得的权重系数 W_i，矩阵表下面是根据判断矩阵所得的最大特征根 λ_{max}，一致性指标 CI 值，查表所得 RI 值（表 5 – 4），以及两者相除所得比值 CR。

表 5 – 4　平均随机一致性指标 RI

n	1	2	3	4	5	6	7	8	9	10	11	12	13	14	15
RI	0	0	0.52	0.89	1.12	1.26	1.36	1.41	1.46	1.49	1.52	1.54	1.56	1.58	1.59

（3）计算单一因素下各指标的相对权重。设判断矩阵为 A，将矩阵的元素按列归一化，计算 $A'_{ij} = a_{ij} / \sum_{i=1}^{n} a_{ij}$

将按列归一化后的元素按行相加，计算 $A'_i = \sum_{j=1}^{n} A'_{ij}$

所得到的行和向量归一化，即得权重 W_i：

$$W_i = A'_i / \sum_{i=1}^{n} A'_i$$

（4）进行一致性检验的步骤为：

1）计算 $\lambda_{max} = \sum (AW_i)/nW_i$。

2）计算一致性指标 $CI = (\lambda_{max} - n)/(n - 1)$。

3）查表得 RI 值。

4）计算相对一致性指标 $CR = CI/RI$。

5.2.4.2　优化配置实例

以迁安马兰庄铁矿土壤的理化性质为依据，以防风固坡、防沙滞尘、生态恢复为目标，以植物的生物学特性为基础，制定了 9 个植物组合类型（表 5 – 5）。

表 5 – 5　生态植物组合优化配置方案

应用地段	序　号	方　案
排土场	1	油松 + 刺槐—沙棘—紫花苜蓿
	2	油松 + 刺槐—紫穗槐—狗尾草
	3	刺槐 + 火炬—柽柳—高羊毛
	4	刺槐 + 火炬—紫穗槐 + 连翘—狗尾草
	5	火炬 + 刺槐 + 油松—柽柳—八宝景天 + 狗尾草
	6	油松—荆条 + 胡枝子—五芒雀麦草
	7	刺槐—狗尾草
	8	火炬—狗尾草
	9	刺槐 + 火炬—柽柳—八宝景天—狗尾草

A 评价过程

按照综合评价模型建立的层次结构关系，再由 6 名专家进行判断比较，分别构成 $A-B$、$B-C$ 判断矩阵。通过上述公式运用层次分析法软件 Yaahp 计算出各评价因子的权重值并对判断矩阵进行一致性检验，计算结果及排序，并再次验证排序结果的一致性（表 5-6～表 5-11）。

表 5-6 $B1-B5$ 对 A 的判断矩阵、权重及一致性检验结果

A	$B1$	$B2$	$B3$	$B4$	$B5$	W_i
$B1$	1.0000	0.4493	1.4918	0.6703	3.3201	0.1854
$B2$	2.2255	1.0000	3.3201	1.4918	4.0552	0.3660
$B3$	0.6703	0.3012	1.0000	0.3679	1.2214	0.2658
$B4$	1.4918	0.6703	2.7183	1.0000	3.3201	0.1059
$B5$	0.3012	0.2466	0.3012	0.8187	1.0000	0.0769

判断矩阵一致性比例：0.0090；对总目标的权重：1.0000；λ_{max}：5.0402

表 5-7 $C1-C9$ 对物种组成的判断矩阵、权重及一致性检验结果

物种组成 $B1$	$C1$	$C2$	$C3$	$C4$	$C5$	$C6$	$C7$	$C8$	$C9$	W_i
$C1$	1	0.6703	0.8187	0.6703	0.2466	0.8187	1.2214	0.8187	0.6703	0.0692
$C2$	1.4918	1	1	0.6703	0.3012	0.4493	1.2214	2.2255	0.3012	0.0756
$C3$	1.2214	1	1	0.6703	0.2466	0.3012	1.4918	1.4918	0.4493	0.0708
$C4$	1.4918	1.4918	1.4918	1	0.6703	1	2.7183	2.2255	0.8187	0.1261
$C5$	4.0552	3.3201	4.0552	1.4918	1	3.3201	4.0552	4.953	1	0.2511
$C6$	1.2214	2.2255	3.3201	1	0.3012	1	1.2214	4.953	1	0.1318
$C7$	0.8187	0.8187	0.6703	0.3679	0.2466	0.8187	1	1	0.4493	0.0606
$C8$	1.2214	0.4493	0.6703	0.4493	0.2019	0.2019	1	1	0.2019	0.0464
$C9$	1	3.3201	2.2255	1.2214	1	1	2.2255	4.953	1	0.1683

判断矩阵一致性比例：0.0326；对总目标的权重：0.1854；λ_{max}：9.3809

表 5-8 $C1-C9$ 对种间适应性的判断矩阵、权重及一致性检验结果

种间适应性 $B2$	$C1$	$C2$	$C3$	$C4$	$C5$	$C6$	$C7$	$C8$	$C9$	W_i
$C1$	1	1	1	1.4918	1.4918	1	0.5448	0.4493	1.4918	0.1002
$C2$	1	1	1	1.8221	1.8221	1	0.6703	0.6703	1.8221	0.1095
$C3$	1	1	1	1.4918	1.4918	1	0.6703	0.6703	1.8221	0.1095

种间适应性 B2	C1	C2	C3	C4	C5	C6	C7	C8	C9	W_i
C4	0.6703	0.8187	0.6703	1	1	0.6703	0.3679	0.3012	1	0.0687
C5	0.6703	0.5488	0.6703	1	1	0.6703	0.2466	0.2466	1	0.0614
C6	1	1	1	1.4918	1.4918	1	0.6703	0.6703	1.2214	0.1047
C7	1.8221	1.4918	1.4918	2.7183	4.0552	1.4918	1	1	3.3201	0.1866
C8	2.2255	1.4918	1.4918	3.3201	4.0552	1.4918	1	1	3.3201	0.1951
C9	0.6703	0.5488	0.5488	1	1	0.8187	0.3012	0.3012	1	0.0642

判断矩阵一致性比例：0.0063；对总目标的权重：0.3660；λ_{max}：9.0739

表5-9 C1-C9 对空间结构的判断矩阵、权重及一致性检验结果

空间结构 B3	C1	C2	C3	C4	C5	C6	C7	C8	C9	W_i
C1	1	1	1	0.6703	0.4493	1	1.4918	1.4918	0.6703	0.0946
C2	1	1	1	0.6703	0.5488	1	1.4918	1.4918	0.6703	0.0968
C3	1	1	1	0.6703	0.5488	1	1.4918	1.4918	0.4493	0.0926
C4	1.4918	1.4918	1.4918	1	1	1.4918	1.8221	3.3201	1	0.1509
C5	2.2255	1.8221	1.8221	1	1	1.4918	3.3201	4.0552	1	0.1803
C6	1	1	1	0.6703	0.6703	1	1.4918	1.8221	0.6703	0.1012
C7	0.6703	0.6703	0.6703	0.5488	0.3012	0.6703	1	1	0.3012	0.0620
C8	0.6703	0.6703	0.6703	0.3012	0.2466	0.5488	1	1	0.3679	0.0568
C9	1.4918	1.4918	2.2255	1	1	1.4918	3.3201	2.7183	1	0.1649

判断矩阵一致性比例：0.0053；对总目标的权重：0.1059；λ_{max}：9.0624

表5-10 C1-C9 对观赏性的判断矩阵、权重及一致性检验结果

观赏性 B4	C1	C2	C3	C4	C5	C6	C7	C8	C9	W_i
C1	1	1	1	0.6703	0.6703	1.0000	1.4918	1.4918	0.8187	0.1014
C2	1	1	1.4918	0.6703	0.5488	0.8187	1.4918	1.4918	0.6703	0.0992
C3	1	0.6703	1	0.6703	0.6703	0.8187	1.4918	1.4918	0.6703	0.0928
C4	1.4918	1.4918	1.4918	1	0.8187	1.4918	1.8221	2.2255	1.2214	0.1447
C5	1.4918	1.8221	1.4918	1.2214	1	1.8221	4.0552	4.0552	1.4918	0.1890
C6	1	1.2214	1.2214	0.6703	0.5488	1	1.8221	2.2255	0.6703	0.1084

观赏性 B4	C1	C2	C3	C4	C5	C6	C7	C8	C9	W_i
C7	0.6703	0.6703	0.6703	0.5488	0.2466	0.5488	1	0.8187	0.3012	0.0582
C8	0.6703	0.6703	0.6703	0.4493	0.2466	0.4493	1.2214	1	0.3012	0.0582
C9	1.2214	1.4918	1.4918	0.8187	0.6703	1.4918	3.3201	3.3201	1	0.1480

判断矩阵一致性比例：0.0090；对总目标的权重：0.2658；λ_{max}：9.1052

表 5 - 11　C1 - C9 对成本的判断矩阵、权重及一致性检验结果

成本 B5	C1	C2	C3	C4	C5	C6	C7	C8	C9	W_i
C1	1	0.3012	2.2255	4.0552	1.8221	2.2255	0.5488	0.5488	1.2214	0.1015
C2	1	1	1	1.4918	0.5488	1	0.4493	3.3201	1.4918	0.1160
C3	1.2214	1	1	0.8187	1.4918	1.2214	0.8187	0.4493	0.8187	0.1015
C4	0.6703	0.6703	1.2214	1	1	0.6703	0.6703	0.2466	1	0.0795
C5	0.8187	1.8221	0.6703	1	1	0.6703	0.6703	0.5488	1	0.0929
C6	1	1	0.8187	1.4918	1.4918	1	0.5488	0.4493	0.6703	0.0950
C7	1.8221	2.2255	1.2214	1.4918	1.4918	1.8221	1	1	2.2255	0.1656
C8	1.8221	0.3012	2.2255	4.0552	1.8221	2.2255	1	1	0.5488	0.1417
C9	0.8187	0.6703	1.2214	1	1	1.4918	0.4493	1.8221	1	0.1062

判断矩阵一致性比例：0.0639；对总目标的权重：0.0769；λ_{max}：9.7463

　　根据表 5 - 6～表 5 - 11 可知，5 个植物组合的评价因子，其重要性是不一致的，权重确定了各评价因子的重要程度。而本研究中的 9 个植物组合的选择，在马兰庄铁矿排土场生态恢复中，不仅仅要起到对排土场的生态恢复作用，发挥植物的生态效益，改善排土场环境的质量，丰富生物多样性，恢复多元化的生态系统，还要实现美化环境及节约绿化成本的功能。因此，从 A - B 层的权重值可以看出的权重值最高的为 0.3660，最低的权重值为 0.0769，权重排序为种间适应性 > 空间结构 > 物种组成 > 观赏性 > 成本，即种间适应性的权重值要远大于植物组合的观赏性和成本的权重值。

　　B　综合评价结果

　　对迁安马兰庄铁矿排土场推荐植物组合进行综合评价，其总排序计算方法为：将准则层 B 对于方案层 A 的权重与方案层 C 对于准则层 B 的权重分别两两乘积并求和，按得分由高到低排序，并根据评价结果，对园林植物进行评价分

级，按其权值大小，划分为 3 个等级，一级：权值≥0.12、二级：0.1≤I<
0.12、三级：I<0.1。不同植物组合综合评价分级见表 5-12。

表 5-12 不同植物组合综合评价分级

序号	组合名称	综合评价指数	评价等级
1	火炬+刺槐+油松—柽柳—八宝景天+狗尾草	0.1441	I
2	刺槐+火炬—柽柳—八宝景天—狗尾草	0.1224	I
3	刺槐—狗尾草	0.1149	II
4	火炬—狗尾草	0.1122	II
5	刺槐+火炬—紫穗槐+连翘—狗尾草	0.1101	II
6	油松—荆条+胡枝子—无芒雀麦草	0.1084	II
7	油松+刺槐—紫穗槐—狗尾草	0.0992	III
8	刺槐+火炬—柽柳—高羊毛	0.0954	III
9	油松+刺槐—沙棘—紫花苜蓿	0.0932	III

从表 5-12 可以得出，这 9 个植物组合的综合评价结果从高到低依次为：
$C5 > C9 > C7 > C8 > C4 > C6 > C2 > C3 > C1$。I 级植物组合构建模式有 2 个，占
所有评价群落总数的 22%。从这些 I 级的植物组合中可以看出，它们不但植物
种类丰富，同时景观效果明显，层次感强，它们自身在景观与生态方面都发挥出
较高的效能，形成一个整体后，可以更大地发挥绿地的生态功能，使铁矿排土场
的生态环境得到有效改善。II 级植物组合构建模式有 4 个，占评价群落景观总数
的 44%。评价等级最低的 III 级植物组合构建模式为 3 个，占评价群落景观总数
的 34%。

5.3　排土场边坡植被绿化实例

近年来随着基础建设的发展，露天开采的矿山规模扩大，排土场规模不断扩
大。对于暂时不能利用的排土场，对其进行绿化是改善排土场环境的有效措施。
以唐山三友矿山石灰石矿为工程背景，介绍排土场边坡绿化方案，对排土场绿化
工程有深远的示范意义。

唐山三友矿山隶属于唐山三友集团有限公司，是全国重点化工矿山企业之
一，是属河北省管辖的国有矿山，是唐山三友碱业（集团）有限公司的配套工
程，始建于 1987 年，1990 年建成投产。矿山主营石灰石开采和加工，已形成碱
石、水泥石、炼钢熔剂灰石、建材石、石材等五大类十几个品种，为我国的化
工、建材和钢铁工业的发展做出了较大贡献。矿山采用露天开采，公路运输开拓
系统，穿孔、爆破、采装、运输、排土的间断生产工艺。

5.3.1 矿山基本概况

三友矿山石灰石矿位于河北省唐山市古冶区，矿区总面积约 1.7195km^2，区内矿产资源有石灰岩、煤、耐火黏土，自 1986 年开始投产，开采方式为露天开采。截至 2006 年底，已累计采出碱石原矿约 4350 万吨，剥离废石 2960 万吨，矿山开采范围内现保有制碱石灰石矿石量 4700 万吨，远景储量 3347 万吨，服务年限还有 20 年左右。

随着矿山的开采，矿区现有排土场多处，主要分布在采场的北部、东部和南部，其中东部的排土场在一期治理治理工作中已经完成。北部排土场是正在使用和不断堆积的排土场，排土场顶部东西长 1800m，南北宽 120～200m，垂直高度 40～0m，边坡角度 60°～78°，堆积废石约 1500 万立方米。大量的剥离废渣堆，有的高达近 70 米。排土场上无植被，遇风扬尘，遇雨流失，景观破碎，一片荒凉杂乱的景象。由于其自然向外扩散，使其周边粮田荒废，农舍掩埋，水源污染，难见日月，失去了原来的青山绿水，鸟语花香。全无绿色的环境给矿山职工的心理和生理造成了很大的不良影响。春冬季气候干燥季风盛行时，排土场周围尘沙蔽日，雨季时废土被地表水冲刷造成排土场周围泥泞不堪。排土场现状已严重破坏了矿区及周围环境，一旦遭遇暴雨极易发生坍塌、滑坡等地质灾害。

5.3.2 矿山环境影响现状评估

5.3.2.1 土地、植被资源影响现状评估

矿山目前共有 3 个采区及 3 个排土场，采区分别为东采区、中采区、西采区，排土场分别为东排土场、南排土场、北排土场。东采区现已闭坑，南排土场、东排土场及北排土场的东部已经废弃。东采区、东排土场已经进行治理，南排土场已经作为工业建设场地使用。北排土场东部面积约 0.65km^2。北排土场东部原有植被已遭破坏，全为废弃采矿堆积物，寸草不生。

现状评估对土地、植被资源影响较重。

5.3.2.2 水资源、水环境影响现状评估

北排土场东部位于山顶北坡部，排土场位于当地侵蚀基准面以上，第四系厚度较薄，不含地下水，奥陶系岩溶裂隙水由于受到采煤影响 -200m 以上处于疏干状态，排土场充水因素只有大气降水，对地下水资源无影响。

矿山范围内裸露的排土场边坡是水土流失最为严重的地段，水土流失的形式主要为水流片蚀、沟蚀或面蚀。地表径流带走细粒物质，最终汇入河流，浑浊河水，增加悬浮物质，加大河流携带的泥沙量，抬高河床、淤积河道，造成行洪不

畅。排土场不含有毒污染物质，不会对地下水及地表水体造成极大破坏。

现状评估对水资源影响较轻，对水环境影响较重。

5.3.2.3 矿区地质灾害危险性现状评估

北部排土场是正在使用和不断堆积的排土场，垂直高度 40 ~ 70m，边坡角度 60° ~ 78°，堆积废石约 1500 万立方米。排土场坡脚因被村民翻捡，坡度变陡已造成边坡不稳。现排土场顶部已经形成平行于边坡的张裂缝，裂缝宽度 5 ~ 15cm，深度大于 15m，在遇震动时发生自然坍塌及滑坡；遇到暴雨、洪水易形成排土场滑坡，大面积毁坏农田，对矿山、村民造成威胁，危及人民生命财产安全。

现状评估滑坡地质灾害危险性中等。

5.3.3 北排土场东部综合治理方案

5.3.3.1 北排土场东部综合治理方案

由于北排土场东部距离中、西采区较远，作为东采区的排土场已经废弃，根据矿山总体规划，将北排土场东部，长度约 600m 的范围进行治理，治理面积 0.65km^2。总体治理方案如下：

（1）清除排土场北边坡及台阶上的危石、废渣，将北边坡形成 +155m、+140m、+120m、+100m、+95m 五个平台及 6 个边坡，开挖排水渠，在坡面及台面覆土绿化；栽种以火炬树、紫穗槐、沙棘、刺槐为主的绿化林带。

（2）在排土场顶部修建山顶公园。山顶公园充分利用排土场顶部面积大、地势高、光线好的优势，修建具有矿山特色的休闲娱乐场所。

（3）修建统一的排水设施，加固松散堆积物，消除滑坡地质灾害。

（4）安装自动浇灌设施，给水护林。

（5）山顶公园修建项目纪念碑一座、观景亭一个及书写意义标语。

5.3.3.2 北排土场东部综合治理施工技术要求

A 北排土场东部北边坡综合治理技术要求

（1）根据北排土场北边坡地形现状，形成 +155m、+140m、+120m、+100m、+95m 五个不同标高的平台及六个边坡。其中 +155m、+140m 平台宽度为 10.0m，+120m、+100m、+95m 平台根据地形条件确定宽度。铺平的台面应略向内倾斜，坡度 2° ~ 3°；不过度追求台面标高的一致。

（2）在规划平台内，将削坡或自然塌落的碎石、山皮土就近消化，或铺平或垫于洼处，并要求将粗粒铺于底部，上部铺垫废渣、山皮土，厚度可量源而定，应压实。

（3）对于排土场Ⅰ～Ⅵ号边坡，在整治过程中削坡至相对稳定的坡度或将多级、凌乱无序的边坡规范合并，形成梯级边坡，并尽可能降低边坡的高度，减小坡度，一般应小于39°。其中Ⅰ、Ⅱ、Ⅲ号边坡在原大坡中开挖，坡比必须小于1:1.5，Ⅳ、Ⅴ、Ⅵ号边坡根据地形控制坡比。

（4）治理后的平台及边坡上垫0.8m厚的黄土、耕植土，压实，既防止了地表水向下部的渗透和水土流失，又将地表水排出。

（5）规范治理后的平台及边坡进行绿化。

其中Ⅵ号边坡种植刺槐，作为矿区与外界的"隔离墙"；树苗植入深度不应小于0.3～0.4m，株距、行距皆为1.0m，梅花状布置。

Ⅴ号边坡为装饰边坡，采用水泥花砖砌筑，中间填入耕植土种植紫穗槐，树苗植入深度不应小于0.3～0.4m，株距、行距皆为1.0m，梅花状布置。

Ⅰ、Ⅱ、Ⅲ号边坡为原大坡中开挖，比较松散，不稳定，需要深根系植物生长固坡，所以栽植紫穗槐和火炬树，两树种成条带种植，条带宽度50.0m，株距、行距皆为1.0m，梅花状布置，树苗植入深度不应小于0.3～0.4m。正常生长后既可以形成大面积绿化带，又可以加固边坡。

Ⅳ号边坡及治理后的五个平台可以栽沙棘，株距1.0m，行距为1.0m，梅花状布置，树苗植入深度不应小于0.3～0.4m。正常生长后即可以形成大面积绿化林带。

在栽植时为了提高成活率，可用生根粉、保水剂等抗旱造林新技术。树苗苗龄为2～3年。覆土回填后树苗略向上提使根须舒展而后压实灌水。

（6）浇灌由矿山引水管线从北洞口处引入，采用φ100mmPVC管，引至170m平台（山顶公园），在+155m、+140m、+120m、+100m、+95m台面设分水阀门和三通。各平台分别铺设分管线，仍为φ100mmPVC管，在台面上间距50.0m设三通口，台面和边坡采用普通胶管人工浇灌，需要普通胶管5根，每根50.0m；由最近水口接入。水管过路部位埋入地下0.5m，防止压裂。

（7）为保护矿山引水管线及排泄治理区雨季洪水，在Ⅴ号边坡和+95m台面之间开挖一条排水渠，出口与中部山沟连接。排水渠为非防护水渠，上口净宽5.0m，下口净宽2.0m，高2.0m。在排水渠出口段设计为浆砌片石护坡，坡、底砌石厚度0.3m，总长150m，砂浆标号M10。浆砌片石护坡段排水渠每10m设伸缩缝，厚2cm，用沥青木板填充。

（8）排土场北边坡台面、坡面排水需修建五条排水渠，间距100.0m，相邻坡面排水渠交错，可以减小水的流势和冲力，位置见方案图。治理后外坡设急流槽，坡脚设排水渠，用于台面、坡面排水。急流槽、排水渠基础用强夯密实，确保急流槽、排水渠基础稳定。急流槽净宽1.0m，高0.6m，纵坡坡度与边坡一致，坡面槽底阶梯式布置，出水口与排水渠衔接。排水渠净宽 1.0m，高 0.7m，纵坡坡度 1%。急流槽、排水渠的两侧及渠底 M10 浆砌片石，渠底厚 0.3m，渠墙宽度 0.5m，M7.5 号砂浆抹面。急流槽进口底板呈坡状低于平台面 0.1m，利于汇集积水；两侧埋入坡面 0.6m，高出坡面 0.3m。在急流槽中部及底部、排水渠每 10m 设伸缩缝，厚 2cm，用沥青木板填充。非排水时，排水渠可以作为上下台面的人行道路。

（9）北排土场东部北边坡综合治理工程量及预算。北排土场东部北边坡综合治理工程量统计见表 5-13。

表 5-13　北排土场北边坡综合治理工程量

序号	项目内容	单位	工程量	备　注
1	边坡整治土石方	m³	370749.0	包括废石清理及削坡
2	开挖主排水渠	m³	6690	
3	开挖边坡及台面排水渠	m³	791.5	
4	排水渠浆砌石	m³	1540	砂浆标号 M10
5	水泥花砖护坡	m²	3840	
6	绿化区覆土	m³	48769	
7	栽植刺槐	株	8864	二年苗
8	栽植火炬树	株	26500	二年苗
9	栽植紫穗槐	株	32510	二年苗
10	栽植沙棘	株	125220	二年苗
11	φ100mmPVC 管	m	3250	
12	普通胶管	m	250	

B　北排土场顶部山顶公园建设技术要求

根据矿山总体规划及矿山需要，将北排土场顶部设为山顶公园，规划面积 65000m²。总体方案及技术要求如下：

（1）清除平台及边坡上的危石、废渣，将台面碾压密实，坡面规范合并，形成两个边坡、三个平台。将平台上的危石、大块废石进行清理，块径大于 0.3m 的废石在处理后可以作为砌筑材料的堆积存放，作为挡土墙砌筑材料；0.05~0.3m 粒径的清运至东采区排土场，余下作为碎石土碾压密实。在 150m、170m 间坡面中间开挖出 155m 平台，宽度大于 4.0m，形成 170m、155m、150m 的三个平台。将规范后的 2 个边坡用水泥花砖铺砌。

（2）在 170m 平台北侧距边缘 2.0n 开挖挡土墙基础，利用片石在平台外边缘砌筑挡土墙。挡土墙基础高 0.5m，宽 1.0m；挡土墙高 1.0m，宽 0.6m，挡土墙及基础为浆砌片石结构，墙身用砂浆抹面，砂浆标号 M10。挡土墙每 20m 设伸缩缝，厚 2cm，用沥青木板填充。挡土墙上部用砖砌成城墙，砖墩宽、长、高皆为 0.6m，墩间距 0.8m，水泥砂浆砌筑抹面，砂浆标号 M10。

（3）在 170m 平台布置纪念碑一座，纪念碑碑体为砖砌，长 7.0m，高 2.0m，厚 0.50m，水泥砂浆抹面，砂浆标号 M10。纪念碑底座为浆砌片石结构，并用砂浆抹面，砂浆标号 M10。底座为双层，每层高度 0.5m，第一层 8.0m × 5.0m；第一层 7.0m×4.0m，周围铺砌片石路。

（4）在 155m 平台布置公园观景亭一个。

（5）在三个平台修建步行路，宽度 1.5m，浆砌石结构，厚度 0.3m，两侧设水泥路缘石；坡面段为台阶路，两侧设路边墙，宽度 0.5m，高度 1.0m。道路两侧分布 15 个石凳、8 个石桌，具体施工要求见山顶公园方案图及步行路施工图。道路两侧栽种龙爪槐，株距 3.0m。

（6）规划后的公园进行覆土绿化。绿化原则为：周围高、中间低；乔灌搭配、常青与落叶搭配。台面绿化部位用耕植土覆盖，覆盖厚度不小于 0.8m。由外至内依次栽种侧柏篱笆带、高大常青类、落叶乔灌类、草坪及花类。侧柏篱笆带株距 1.0m，宽度 2.0m。

高大常青类树种选择：黑松、油松、侧柏、桧柏、沙地柏，株距 2.0 ~ 3.0m，交错布置，树体高度大于 2.0m。

落叶乔灌类树种选择：腊梅、小檗、法桐、野核桃、火炬树、旱柳、馒头柳。株距 1.0 ~ 2.0m，交错布置，树苗苗龄 2 ~ 3 年。

草坪栽植苜蓿草，绿化带零星点缀白皮松、丁香树、龙爪槐和蜀柏。花坛栽种适宜生长的月季、玫瑰、杜仲、迎春花、红瑞木、锦带花、紫薇等。

（7）规范后的 2 个边坡用水泥花砖铺砌。覆土后种植苜蓿草，零星点缀迎春花、杜鹃花、枸杞。在边坡中部间隔 5.0m 布置水泥面，规格 1.0m × 1.0m，书写红色标语，分别为"保护矿山环境、造福子孙后代""爱护花草树木、共建美好家园"。

（8）规范后的 150.0m 平台覆土后规划为矿山绿化苗圃。

（9）浇灌由矿山引水管线北洞口处引入，采用 φ100mmPVC 管，引至 170m 平台，在 +170m、+155m、+150m 台面设分水阀门和三通。各平台分别铺设分管线，仍为 φ100mmPVC 管，在台面上间距 50.0m 设三通口，台面和边坡采用普通胶管人工浇灌，需要普通胶管 5 根，总长 260.0m；由最近水口接入。水管过路部位埋入地下 0.5m，防止压裂。

（10）沿 101 运矿道路两侧边缘设置一道挡土墙，确保挡土墙基础稳定。挡土墙基础高 0.5m，宽 1.0m；挡土墙高 0.6m，宽 0.6m，挡土墙及基础为浆砌片石结构，墙身用砂浆抹面，砂浆标号 M10。挡土墙每 20m 设伸缩缝，厚 2cm，用沥青木板填充。挡土墙上部用砖砌成城墙，砖墩宽、长、高皆为0.5m，墩间距0.6m，水泥砂浆、砌筑、抹面，砂浆标号 M10。道路挡土墙外侧栽植香花槐，株距3.0m，树苗胸径大于3cm，树苗植入深度不应小于0.3~0.4m。

（11）排土场南侧边坡清理废石、废渣后在坡脚种植侧柏和爬山虎，与东采区北边坡治理衔接。

（12）北排土场顶部山顶公园建设工程量及预算。北排土场顶部山顶公园建设工程量统计见表5-14。

表5-14 北排土场顶部山顶公园建设工程量

序号	项目内容	单 位	工程量	备 注
1	边坡整治土石方	m³	16540	包括废石清理及削坡
2	平台整治土石方	m³	26500	
3	北侧挡土墙浆砌石	m³	624	砂浆标号 M10、包括砖墩
4	道路两侧挡土墙浆砌石	m³	786	砂浆标号 M10、包括砖墩
5	水泥花砖护坡	m²	13265	
6	绿化区覆土	m³	37313.2	
7	栽植侧柏林带	m	1005	宽度2.0m
8	栽植草坪	m²	8654	苜蓿草
9	苗圃建设	m²	1026	
10	花坛	m²	2052	
11	栽植黑松	株	465	高2.0m
12	栽植油松	株	354	高2.0m
13	栽植侧柏	株	565	高2.0m
14	栽植桧柏	株	642	高2.0m
15	栽植沙地柏	株	553	二年苗
16	栽植腊梅	株	125	二年苗
17	栽植小檗	株	1254	二年苗
18	栽植法桐	株	653	高1.5m
19	栽植野核桃	株	468	二年苗
20	栽植火炬树	株	6120	二年苗
21	栽植旱柳	株	964	高1.5m
22	栽植馒头柳	株	865	高1.5m
23	栽植白皮松	株	326	高2.0m

续表 5 - 14

序号	项目内容		单位	工程量	备 注
24	栽植丁香树		株	54	二年苗
25	栽植龙爪槐		株	564	高 1.5m
26	栽植蜀柏		株	25	高 2.0m
27	步行路浆砌石		m³	526.5	砂浆标号 M10
28	水泥路缘石		m	2320	
29	纪念碑浆砌石		m³	105.6	砂浆标号 M10、包括砖体
30	石桌及石凳		套	8	
31	观景亭	垫层	m³	22.5	砂浆标号 M10、包括砖墩
		混凝土	m³	7.8	标号 C25
		钢材	T	2.4	
		花岗岩	m²	16.8	
32	路边石桌		套	15	
33	$\phi100mmPVC$ 管		m	570	
34	普通胶管		m	260	

5.3.4   后期管理

由于本次矿山综合治理的目标主要为消除地质灾害隐患，改善矿山生态环境，为中、西采区的绿色生产建立示范区，改善职工及村民的生活环境，所以绿化工程的后期管理尤其重要。为提高树苗成活率，使苗木正常生长，对矿山后期绿化要实行专人管理，主要包括：

（1）定期浇水，保证土壤含水量适宜栽种的苗木根系生长。

（2）在排土场顶部平台设立警示牌及防护网，禁止向下倒放废弃矿渣，提示行人注意安全。

（3）定期检查苗木的成活情况，对部分不能成活的苗木采取补栽措施。

（4）定期对浇灌系统进行检查，对个别损坏或不出水的管线要及时更换。

（5）强化矿山职工保护环境意识，爱护矿山的一草一木，保护绿色家园。

5.3.5   效益分析

从社会效益与环境效益两方面对矿山治理进行评价：

（1）社会效益：对该矿山北排土场及矿山道路进行综合治理后，能彻底消除北排土场坍塌、滑坡及扬尘等灾害发生，确保工人生命及矿山财产的安全，避免排土场发生滑坡淹埋周围耕地，同时矿山地质环境综合治理可改善职工工作环境，确保矿山工作人员在绿色的环境下生产，有利于矿山与地方村民的和谐、稳定，社会效益显著。

（2）环境效益：在该矿山地质环境综合治理项目实施后，矿山周围的环境能得到根本改善，实现矿业经济与资源环境和谐发展，人与自然和谐共存，延长矿山实际服务年限，使矿山成为生态型、可持续发展型矿山，环境效益十分突出。

参 考 文 献

[1] 王树仁，何满潮，武崇福，等．复杂工程条件下边坡工程稳定性研究［M］．北京：科学出版社，2007．

[2] 赵明阶，何光春，王多垠．边坡工程处治技术［M］．北京：人民交通出版社，2003．

[3] 缪林昌，刘松玉．环境岩土工程学概论［M］．北京：中国建材工业出版社，2005．

[4] 李天斌，王兰生，等．岩质工程高边坡稳定性及其控制［M］．北京：科学出版社，2008．

[5] 王家臣．边坡工程随机分析原理［M］．北京：煤炭工业出版社，1996．

[6] 崔政权，李宁．边坡工程理论与实践最新发展［M］．北京：中国水利水电出版社，1999．

[7] 陈新民，罗国煌．基于经验的边坡稳定性灰色系统分析与评价［J］．岩土工程学报，1999，21（5）：638~639．

[8] 乔金立．边坡稳定性分析的弹塑性有限元模型及应用［D］．河北：河北大学，2005．

[9] 刘沐宇，朱瑞庚．基于模糊相似优先的边坡稳定性评价范例推理方法［J］．岩石力学与工程学报，2002，21（8）：1183~1193．

[10] 杨志法，尚彦军，刘英．关于岩土工程类比法的研究［J］．工程地质学报，2008，12（4）：299~305．

[11] 吴刚，夏艳华，陈静曦，等．可行性理论在边坡反分析中的运用［J］．岩土力学，2003，24（5）：809~812．

[12] 陈祖煜．土质边坡稳定分析［M］．北京：中国水利水电出版社，2003．

[13] 杨志法，高丙丽，张路青，等．基于坐标投影图解的结构面和块体机描述及其应用［J］．岩石力学与工程学报，2006，25（12）：2393~2396．

[14] 康亚明，杨明成，胡艳香．极限平衡法和有限单元法混合分析土坡稳定［J］．中国矿业，2006，15（3）：74~77．

[15] 欧阳宇，王崧．有限元ANSYS理论与应用［M］．北京：电子工业出版社，2007．

[16] 郑颖人，赵尚毅．岩土工程极限分析有限元法及其应用［J］．土木工程学报，2005，38（1）：91~98．

[17] 魏际兵．岩质高边坡开挖与加固的ANSYS模拟［D］．贵州：贵州大学，2007．

[18] 黄海明，许成承，刘小文．边坡稳定性有限元强度折减法分析［J］．山西建筑，2009，35（16）：8~10．

[19] 谭晓慧．边坡稳定分析的模糊概率法［J］．合肥工业大学学报（自然科学版），2001，24（3）：442~446．

[20] 李彰明．模糊分析在边坡稳定性评价中的应用［J］．岩石力学与工程学报，1997，16（5）：490~495．

[21] 李造鼎，等．岩土动态开挖的灰色突变建模［J］．岩石力学与工程学报，1997，16（3）：285~289．

[22] 吴中如，潘卫平．分形几何理论在岩土边坡稳定性分析中的应用［J］．水利学报，

1996,（4）：78～82.

［23］何满潮. 露天矿高边坡工程［M］. 北京：煤炭工业出版社，1991.

［24］曾开华，陆兆溱. 边坡变形破坏预测的混沌与分形研究［J］. 河海大学学报，1999，27（3）：9～13.

［25］谢和平. 分形—岩石力学导论［M］. 北京：科学出版社，1996.

［26］郑晓明，李富平. 露天矿最终边坡角确定的神经网络方法［J］. 化工矿物与加工，2000（1）：8～10.

［27］Dawson E M, Roth W H. Slope stability analysis by strength reduction［J］. Geotechnique, 1999, 49（6）：835～840.

［28］朱煜峰，周世健，朱国根，等. 基于神经网络铀矿边坡稳定性分析［J］. 金属矿山，2009（6）：29～31.

［29］李文秀，杨少冲，陈二忠，等. 高陡山区开采自然坡失稳分析的神经网络方法［J］. 岩土力学，2006，27（9）：1563～1566.

［30］Zhang P W, Chen Z Y. Finite element method for solving safety factor of slope stability［J］. Rock and Soil Mechanics, 2004, 25（11）：1757～1760.

［31］马洪生，郑灵希. 边坡稳定性影响因素定量分析神经网络法［J］. 路基工程，2005（5）：40～44.

［32］方建瑞，朱合华，蔡永昌. 边坡稳定性研究方法与进展［J］. 地下空间与工程学报，2007，3（2）：343～346.

［33］徐永政. 土钉支护工程稳定性的有限元分析［D］. 武汉：华中科技大学，2005.

［34］陈祖煜. 土力学经典问题的极限分析上、下限解［J］. 岩土工程学报，2002，24（1）：1～11.

［35］Yucel Guney, Ahmet H Aydilek, M Melih Demirkan. Geoenvironmental behavior of foundry sand amended mixtures for highway subbases［J］. Waste Management, 2006, 26(9)：932～945.

［36］缪林昌，刘松玉. 环境岩土工程学概论［M］. 北京：中国建材出版社，2005.

［37］王汉强，沈楼燕，吴国高. 固体废物处置堆存场环境岩土技术［M］. 北京：科学出版社，2007.

［38］苏燕，周健. 环境岩土工程研究现状与展望［J］. 岩土力学，2004，25(9)：1510～1514.

［39］方江华，张志红，姜玉松. 对环境岩土工程几个问题的探讨［J］. 岩土力学，2005，26（4）：655～659.

［40］李示波，高永涛，黄志安. 喷网锚在加筋土挡土墙加固中的应用［J］. 北京科技大学学报，2005，27（7）：655～658.

［41］郑颖人，陈祖煜，王恭先，等. 边坡与滑坡工程治理［M］. 北京：人民交通出版社，2007.

［42］朱乃龙，张世雄. 深凹露天矿边坡稳定的空间受力状态分析［J］. 岩石力学与工程学报，2003，22（5）：810～812.

［43］张均锋，丁桦. 边坡稳定性分析的三维极限平衡法及应用［J］. 岩石力学与工程学报，2005，24（3）：365～370.

［44］Cheng Y M, Liu H T, Wei W B, et al. Location of critical three-dimensional non-spherical failure surface by NURBS functions and ellipsoid with applications to highway slopes［J］. Computers and Geotechnics, 2005, 32（6）：387～399.

［45］杨雪强，SFOLLE D E F，郭培军，等. 坡顶压力下边坡的二维与三维稳定分析［J］. 岩土工程学报，2006，28（5）：639～649.

［46］Agliardi F, Crosta G B. High resolution three-dimensional numerical modelling of rockfalls［J］. International Journal of Rock Mechanics & Mining Sciences, 2003, 40（2）：455～471.

［47］刘建华，朱维申，李术才. 岩土介质三维快速拉格朗日数值分析方法研究［J］. 岩土力学，2006，27（4）：525～529.

［48］彭文斌. FLAC 3D 实用教程［M］. 北京：机械工业出版社，2007.

［49］薛亚东，黄宏伟，刘忠强. 云南水麻高速公路岩堆体边坡结构特征研究［J］. 地下空间与工程学报，2007，3（7）：1295～1299.

［50］顾慰慈. 挡土墙土压力计算手册［M］. 北京：中国建材工业出版社，2005.

［51］李示波，黄志安，朱小波. 一种特殊边坡的变分法计算分析［J］. 矿业研究与开发，2010，30（1）：6～8.

［52］许锡昌. 挡墙后黏性填土中破裂面曲线的一种解析解［J］. 岩石力学与工程学报，2006，25（2）：371～376.

［53］戴自航，刘志伟，刘成禹，等. 考虑张拉与剪切破坏的土坡稳定数值分析［J］. 岩石力学与工程学报，2008，27（2）：375～382.

［54］宋兆基，徐流美. MATLAB 在科学计算中的应用［M］. 北京：清华大学出版社，2005.

［55］李示波，高永涛. FLAC 和数值微分在地表变形观测中的应用［J］. 中国矿业，2008，17（6）：99～101.

［56］刘钦圣，张晓丹，王兵团. 数值计算方法教程［M］. 北京：冶金工业出版社，1999.

［57］黄志安，李示波，赵永祥，等. FLAC 和数值分析在矿山地表沉降预测中的应用［J］. 有色金属，2005，57（3）：95～98.

［58］张伟. 结构可靠性理论与应用［M］. 北京：科学出版社，2008.

［59］Abdallah I H, Malkawi W F, Hassan S K Samra. Global search method for locating general slip surface using Monte-Carlo techniques［J］. Journal of Geotechnical and Geoenvironmental Engineering, 2001, 27（8）：658～695.

［60］苏永华，方祖烈，高谦. 用响应面方法分析特殊地下岩体空间的可靠性［J］. 岩石力学与工程学报，2000，19（1）：55～58.

［61］贡金鑫，何世钦，赵国藩. 结构可靠度模拟的方向重要抽样法［J］. 计算力学学报，2003，20（6）：655～661.

［62］Husein M A I, Hassan W F, Abdulla F A. Uncertainty and reliability analysis applied to slope stability［J］. Structural Safety, 2000, 22（3）：161～178.

［63］陈强，李耀庄. 边坡稳定的可靠度分析与评价［J］. 路基工程，2007，（1）：1～3.

［64］ Val D，Bljuger F，Yankelevsky D. Optimization problem solution in reliability analysis of rein-forced concrete structures ［J］. Computers and Structures，1996，60（3）：351~355.

［65］ 王刘洋，王国体. 边坡稳定可靠度分析的一种实用方法 ［J］. 合肥工业大学学报，2005，28（4）：414~416.

［66］ 张明，刘金勇，麦家煊. 土石坝边坡稳定可靠度分析与设计 ［J］. 水力发电学报，2006，25（2）：103~107.

［67］ 李亮，刘宝深. 边坡极限承载力的下限分析法及其可靠度理论 ［J］. 岩石力学与工程学报，2001，20（4）：508~513.

［68］ 张超，杨春和，徐卫亚. 尾矿坝稳定性的可靠度分析 ［J］. 岩土力学，2004，25（11）：1706~1711.

［69］ 苏永华，赵明华，蒋德松，等. 响应面方法在边坡稳定可靠度分析中的应用 ［J］. 岩石力学与工程学报，2006，25（7）：1417~1424.

［70］ 高谦. 土木工程可靠性理论及其应用 ［M］. 北京：中国建材工业出版社，2007.

［71］ 胡强，刘宁，李锦辉. 一种新的可靠度计算方法及其在工程中的应用 ［J］. 岩土力学，2004，25（4）：632~636.

［72］ 杜绍洪，胡朝浪，吕涛. 高维数值积分的新型求积公式 ［J］. 四川大学学报，2004，41（2）：236~242.

［73］ Alfio Quarteroni，Riccardo Sacco，Fausto Saleri. Numerical mathematics ［M］. Berlin：Springer Science Business Media Inc.，2006.

［74］ 郑华盛，唐经纶，危地. 高精度数值积分公式的构造及其应用 ［J］. 数学的实践与认识，2007，37（15）：141~148.

［75］ Arnold Neumaier. Introduction to numerical analysis ［M］. Cambridge：Cambridge University Press，2001.

［76］ 陈付龙. 二元数值积分的计算方法 ［J］. 计算机工程与应用，2007，43（19）：32~34.

［77］ 林成森. 数值分析 ［M］. 北京：科学出版社，2006.

［78］ 张悼元，王士天，王兰生. 工程地质分析原理 ［M］. 北京：地质出版社，1997.

［79］ 滕应，黄昌勇，龙健，等. 矿区侵蚀土壤的微生物活性及其群落功能多样性研究 ［J］. 水土保持学报，2003，17（1）：115~118.

［80］ 倪含斌，张丽萍，等. 矿区废弃地土壤重构与性能恢复研究进展 ［J］. 土壤通报，2007，38（2）：399~402.

［81］ 胡振琪，魏忠义，等. 矿山复垦土壤重构的概念与方法 ［J］. 土壤，2005（1）：8~12.

［82］ 李富平，杨福海，袁怀雨. 矿业开发密集地区景观生态重建 ［M］. 北京：冶金工业出版社，2007.

［83］ 段云青，雷焕贵. 小白菜富集 Cd 能力及对土壤 Cd 污染修复的能力研究 ［J］. 农业环境科学学报，2006，25（增刊）：476~479.

［84］ 张炜鹏，陈金林，黄全能. 南方主要绿化树种对重金属的积累特性 ［J］. 南京林业大学学报（自然科学版），2007，31（5）：125~128.

［85］刘家女，周启星，孙挺. Cd-Pb 复合污染条件下 3 种花卉植物的生长反应及超积累特性研究［J］. 环境科学学报，2006，26（12）：2039~2044.

［86］曲向荣，孙约兵，周启星. 污染土壤植物修复技术及尚待解决的问题［J］. 环境保护，2008（12）：45~47.

［87］王伟，王新文，吴王锁. 高含硫气井井喷事故污染土壤的植物修复研究——以重庆市开县"12·23"特大井喷事故为例［J］. 农业环境科学学报，2010，29（增刊）：111~115.

［88］楚海林. 四川红层人工边坡喷植绿化技术的研究［D］. 成都：西南交通大学，2000.

［89］刘海龙. 采矿废弃地的生态恢复与可持续景观设计［J］. 生态学报，2004（02）：323~329.

［90］李富平，赵礼兵，李示波，等. 金属矿山清洁生产技术［M］. 北京：冶金工业出版社，2012.